"十四五"职业教育国家规划教材

电类专业共建共享系列教材

电子产品结构与工艺

（修订版）

张 川 刘汉厚 主 编

胡 萍 雷 娅 杨 鸿 副主编

辜小兵 王 琳 主 审

科 学 出 版 社

北 京

内 容 简 介

    本书入选首批"十四五"职业教育国家规划教材,共分8个项目18个任务,主要内容包括电子产品的基础知识、电子产品质量认证体系、电子产品的制造工艺、PCB 的设计与工艺、装联焊接工艺、电子产品装配的基础、电子产品整机装配实训、电子产品整机调试和检验。本书同时还提供了知识拓展和自我测试与提高的内容,以帮助学生扩展知识面并对所学知识进行自我考核。

    本书既可作为职业院校电类专业电子产品结构方向的实训课教材,也可作为从事电子装接工作相关企业人员的培训参考用书。

图书在版编目(CIP)数据

电子产品结构与工艺/张川,刘汉厚主编. —北京:科学出版社,2019.11
("十四五"职业教育国家规划教材·电类专业共建共享系列教材)
ISBN 978-7-03-053415-6

Ⅰ.①电… Ⅱ.①张… ②刘… Ⅲ.①电子产品-生产工艺-中等专业学校-教材 Ⅳ.①TN05

中国版本图书馆 CIP 数据核字(2017)第 133873 号

责任编辑:陈砺川 赵玉莲 / 责任校对:马英菊
责任印制:吕春珉 / 封面设计:东方人华平面设计部

科学出版社 出版
北京东黄城根北街 16 号
邮政编码:100717
http://www.sciencep.com
三河市骏杰印刷有限公司印刷
科学出版社发行 各地新华书店经销
*
2019 年 11 月第 一 版 开本:787×1092 1/16
2022 年 9 月修 订 版 印张:16 1/4
2024 年 7 月第三次印刷 字数:373 000
定价:49.00 元
(如有印装质量问题,我社负责调换)
销售部电话 010-62136230 编辑部电话 010-62135397-1028

电类专业共建共享系列教材
编写委员会

主任兼丛书主编：

周永平　重庆市教育科学研究院副研究员、博士后

副主任：

辜小兵　重庆工商学校特级教师，研究员

杨清德　重庆市垫江县第一职业中学校特级教师，研究员

漆　星　重庆富淞电子技术有限公司总经理

辜　潇　重庆特奈斯科技有限公司总经理

张蓉锦　重庆中鸿意诚科技有限公司总经理

委　员：

陈　勇	程时鹏	邓银伟	丁汝玲	高　岭	辜小兵	辜　潇	胡立山
胡　萍	黄　勇	康　娅	雷菊华	李　杰	李命勤	李小琼	李晓宁
李永佳	刘宇航	刘　钟	鲁世金	罗朝平	韩光勇	彭贞蓉	马晓芳
漆　星	邱堂清	谭定轩	谭云峰	田永华	王　函	王　英	王鸿君
王建云	韦采风	吴吉芳	向　娟	阳兴见	杨清德	杨　鸿	杨　波
杨卓荣	姚声阳	易兴发	易祖全	尹　金	周永平	张　川	张　恒
张波涛	张　军	张蓉锦	张秀坚	张云龙	赵顺洪	赵争召	钟晓霞
熊　祥							

成员单位：

重庆市教育科学研究院	重庆工商学校
重庆市龙门浩职业中学校	重庆市渝北职业教育中心
重庆市农业机械化学校	重庆市北碚职业教育中心

重庆市黔江区民族职业教育中心　重庆市綦江职业教育中心
重庆市九龙坡职业教育中心　　重庆市永川职业教育中心
重庆市育才职业教育中心　　　重庆市江南职业学校
重庆市巫山县职业教育中心　　重庆市经贸中等专业学校
重庆市云阳职业教育中心　　　重庆市轻工业学校
重庆市梁平职业教育中心　　　重庆市石柱土家族自治县职业教育中心
重庆能源工业技师学院　　　　重庆市巫溪县文峰职业中学校
重庆彭水职业教育中心　　　　重庆市潼南恩威职业高级中学校
重庆市荣昌区职业教育中心　　重庆市南川隆化职业中学校
重庆市垫江县职业教育中心　　重庆市丰都县职业教育中心
重庆市奉节职业教育中心　　　重庆中鸿意诚科技有限公司
重庆市秀山县职业教育中心　　重庆富淞电子技术有限公司
重庆市垫江县第一职业中学校　重庆特奈斯科技有限公司
重庆市武隆县职业教育中心　　重庆市闻慧科技有限公司

前　　言

深入实施人才强国战略，培养造就大批德才兼备的高素质人才，是国家和民族长远发展大计。功以才成，业由才广，而育人的根本在于立德。本书作为电类专业电子产品结构方向培养高素质技术工人的一门专业核心课程教材，在内容上不仅以完成工作任务为主线，带领学生学习电子产品结构中的电路构成、器件装配、工具的使用、组装工艺等专业知识，以及电路的简单维护和维修技能，而且注重培养学生积极向上、有理想、敢担当、能吃苦、肯奋斗的情感态度，力争为社会培养合格的社会主义建设者和接班人。

本书具有五大特点。

1）本书是一本校企合作编写的紧贴工厂电子产品生产及装配工艺的教材。

2）将企业的管理、文化、工艺标准带入职业教育专业实训的课堂教学中，是对校企合作模式下教材编写的一个大胆探索。

3）根据职业学校学生的知识基础和学习特点，减少了理论知识的讲述，增加了图片的直观呈现。

4）引入了德国先进的职业教育理念，采用"项目引领，任务驱动"的方式，实现了理实一体的呈现模式。

5）本书充分体现了学做一体的职业教育理念，以学习实际生产工艺为任务，教师好教，学生好学。

本书可安排在一年级下学期使用，建议安排 72 学时，周课时为 4 节。学时安排参见下表。

学时安排表

项　　目	任　　务	学　　时
电子产品的基础知识	电子产品结构基础知识	1
	电子产品的防护	2
电子产品质量认证体系	电子产品的质量管理	1
	电子产品的认证	2
电子产品的制造工艺	电子产品的整机结构知识	2
	电子产品生产流程及生产技术文件	4
PCB 的设计与工艺	PCB 及设计的基础知识	2
	PCB 的业余手工制作	8
	PCB 的工业制造工艺	4
装联焊接工艺	自动焊接工艺	4
	SMT 技术	4
电子产品装配的基础	电子产品装配的基础知识	1
	电子元器件质量检验、筛选及常用材料	1

续表

项　目	任　务	学　时
电子产品整机装配实训	JC328 型足球外观有源小音箱的装配	6
	JC808 型热释红外电子狗的装配	8
	液位控制器的装配	10
电子产品整机调试和检验	电子产品整机调试的一般程序和方法	2
	电子产品整机检验的内容	2
机动时间		8
合　计		72

本书由张川、刘汉厚担任主编，胡萍、雷娅、杨鸿担任副主编，辜小兵、王琳担任主审，各参编人员编写分工如下：项目 1、项目 2 由雷娅、胡娟、刘汉厚编写；项目 3～项目 5 由张川、胡萍、秦雪、李命勤、王娟编写；项目 6～项目 8 由张川、杨鸿、秦雪、杨敏、兰远见编写。

本书在编写过程中，得到重庆市教育科学研究院周永平博士、重庆市渝北职业教育中心邱绍峰博士、重庆工商学校辜小兵研究员、重庆市垫江县第一职业中学校杨清德教授、重庆市北碚职业教育中心林安全研究员、重庆市九龙坡区教育委员会教研室陈东老师、四川仪表工业学校官伦老师、太仓市同维电子有限公司王琳经理等职教专家及行业企业专家的指导和帮助。重庆市南川隆化职业中学校张健校长、吴文伦副校长等校领导多次参与本书样稿的评审工作，并提出了许多宝贵的修改意见。书中参考了一些资料，在此一并向作者表示诚挚的谢意。

由于编者水平有限，书中难免存在疏漏之处，恳请广大读者批评指正。

目　录

项目 1

电子产品的基础知识

电子产品（electronic product）是指由电子元器件构成、以电能为工作基础的相关产品。它满足以下条件：①核心部件为电子元器件；②使用能量为电能；③已经在市场上销售。电子产品是电子技术发展的产物。

每一种电子产品都要经过千百道生产工序才能形成成品，而每一道生产工序都要按照特定的工艺规程进行。生产工艺是企业生产技术的中心环节，其优劣直接影响电子产品的经济性、使用寿命、安全性和可靠性等指标；好的电子产品结构和生产工艺是电子产品优质的保证。

知识目标

1）了解电子产品在生产、环境、使用等方面的要求。
2）了解电子设备可靠性的相关知识。
3）了解电子产品的防护知识。

技能目标

1）掌握使用电子产品的正确方法。
2）能进行电子产品的基本防护。

情感目标

1）培养学生严谨的科学态度。
2）通过了解电子产品，提高学生学习专业知识的积极性。

任务 1　电子产品结构基础知识

【背景介绍】
电子技术是19世纪末、20世纪初开始发展起来的新兴技术,第一代电子产品以电子管为核心。20世纪40年代末,世界上诞生了第一只半导体晶体管,它以小巧、轻便、省电、寿命长等特点,大范围地取代了电子管。50年代末,世界上出现了第一块集成电路,它把许多晶体管等电子元器件集成在一块硅芯片上,使电子产品向更小型化发展。之后,集成电路从小规模集成电路迅速发展到大规模集成电路和超大规模集成电路,从而使电子产品向着高效能、低消耗、高精度、高稳定、智能化的方向发展。

生活中来

现实生活中的许多方面,都有电子产品的身影,它给我们的生活带来了极大的方便,是人们生活中不可缺少的一部分。例如,电视机、手机、计算机、数码相机、冰箱、微波炉、空调器、音响等都是电子产品。

任务描述

本任务主要让学生了解电子产品的工作环境,及其对使用和生产等方面的基本要求,掌握电子产品可靠性的相关知识,了解提高电子产品可靠性的技术措施。其中,可靠性是重点学习内容。电子产品结构基础知识任务单如表1-1所示,请根据实际完成情况填写。

表1-1　电子产品结构基础知识任务单

序号	活动名称	计划完成时间	实际完成时间	备注
1	电子产品的相关要求			
2	电子产品可靠性的相关知识			
3	提高电子产品可靠性的方法			

任务实施

【活动1】电子产品的相关要求

1. 认识电子产品的特点

随着电子技术的飞速发展,电子产品也越来越多地涉足移动办公、支付、游戏、视频等众多领域。工艺手段的不断进步,新材料的不断涌现,使电子产品具有了以下特点。

(1)应用广泛

目前,电子产品已广泛应用于衣、食、住、行以及文化、娱乐、体育、卫生保健、通信、国防科技等诸多方面。

(2)结构复杂

随着电子技术的发展,电子产品的用途和功能越来越多,这使得其内部结构和电路也越来越复杂。

3）精度要求高

电子产品运用在航空科技和其他精密技术领域的时候，常常要求其具有高精度。例如，中国"嫦娥一号"在送入太空的过程中，就实现了四次精确的变轨。

（4）可靠性要求高

不管是军用、航天设备，还是日常电子产品，都要求电子产品的每一个元器件具有很高的可靠性。例如，在军事和航空领域，如果电子设备的可靠性不高，那么将直接导致导弹、运载火箭和卫星的飞行失控。如果日常家用电子产品的可靠性不高，那么将使其使用寿命缩短，维修率增高，影响品牌形象。

图 1-1～图 1-4 所示为各种电子产品。

图 1-1 家用电子产品（1）

图 1-2 家用电子产品（2）

图 1-3 航空电子产品

图 1-4 军事电子产品

2. 工作环境对电子产品的要求

电子产品在使用过程中，所处的环境复杂多样，环境因素是造成电子产品发生故障的主要因素，按其对产品的影响划分，可以分为三个方面，即气候因素、机械因素、电磁干扰。

（1）气候因素

气候因素除温度、湿度、气压等主要因素外，还包括盐雾、灰尘、霉菌、日光照射等。它们对电子产品的影响主要表现在使电气性能下降，温度升得过高，运动部位不灵活，结构损坏，甚至不能正常工作。

（2）机械因素

电子产品在使用和运输过程中，会受到震动、冲击、离心加速度等各种类型的机械作用。这些机械作用可分为两种：一种是正常的机械磨损，它是设备工作时所固有的，使设备寿命缩短；另一种是随机的机械作用，会造成元器件损坏失效或电参数改变、结构件断裂或变形过大、金属件疲劳等不可逆的损害。因此，电子产品必须采取减震缓冲措施，确保产品内的电子元器件和机械零部件在受到外界强烈震动和冲击下不致变形和损坏，以保证电子产品的可靠性。

（3）电磁干扰

在电子产品的内部和外部存在着各种原因产生的电磁波，除设备要接收的信号外，其余电磁波均属干扰信号。电磁干扰可分为外部干扰和内部干扰，其存在将使机器的性能参数发生变化，如工作失稳、噪声增大，严重时会造成机器无法正常工作。

为了保证产品在电磁干扰的环境中能正常工作，要求采取各种屏蔽措施，提高产品的抗电磁干扰能力。

3. 电子产品的使用要求

电子产品在使用过程中对产品的要求主要是体积质量要求和操作维修要求。

（1）体积质量要求

1）电子产品对体积和质量的要求。由于电子产品用途非常广泛，各种不同用途对其体积和质量提出了不同的要求。例如，军用电子产品，其体积和质量会直接影响部队的战斗力和装备使用的灵活性。因此，电子产品的体积每减小 $1cm^3$，质量每减小 $1g$，都是有意义的。

2）运载工具对体积和质量的要求。各种运载工具如汽车、飞机、舰船等，由于安装各种产品的空间有限以及操作控制的需要，对电子产品的体积和质量有严格的要求。一般说来，空用设备的要求最高，其次是各种车辆，再次是各种舰船。

3）机械负荷对体积和质量的要求。当电子产品工作时，会受到各种机械因素的影响。为了减少冲击、碰撞、震动和加速度的破坏作用，减少其体积和质量会收到良好的效果。根据牛顿定律 $F=ma$，质量 m 减小，如果施加的加速度一定，则对产品的破坏力 F 就会减小。

4）经济因素对体积和质量的要求。为了节省原材料消耗的生产成本，应力求降低电子产品的体积和质量。对于生产批量很大的产品，即使单个产品的体积和质量降低很小一点，也将使批量生产中所降低的成本非常可观。

（2）操作维修要求

电子产品的操作性能如何，是否便于维护和修理，直接影响产品的可靠性，因此，在结构设计时必须全面考虑。

1）操作人员的要求。

① 为操作者创造良好的工作条件。例如，产品不会产生令人厌恶的噪声，安装位置要适当，令操作者精神安宁、注意力集中，从而提高工作质量。

② 产品操作简单，能尽快进入工作状态。

③ 产品安全可靠，有保险装置。当操作者发生误操作时，不会损坏产品，更不会危及人身安全。

④ 控制机构轻便，尽可能减少操作者的体力消耗。读数指示系统清晰，便于观察且长时间观察不易疲劳，也不损伤视力。

2）维护人员的要求。

① 在发生故障时，便于打开维修或能迅速更换备用件。

② 可调元件、测试点应布置在产品的同一面，经常更换的元器件及易损元器件应布置在易于拆装的部位。对于电路单元应尽可能采用印制电路板（printed circuit board，PCB），并用插座与系统连接。

③ 元器件的组装密度不宜过大，以保证元器件间有足够的空间，便于拆装和维修。

④ 产品应具有过载保护装置（如过电流、过电压保护），危险和高压处应有警告标志和自动安全保护装置（如高压自动断路门开关）等，以确保维修安全。

⑤ 产品最好具备监测装置和故障预报装置，以便操作者尽早发现故障或预测失效元器件，以提醒维护人员及时更换维修，缩短维修时间并防止大故障出现。

4. 电子产品的生产要求

（1）电子产品的生产条件要求

电子产品在投入生产时，生产厂的设备情况、技术和工艺水平、生产能力和生产周期，以及生产管理水平等因素都会影响电子产品的质量。要想生产出优质的电子产品，就必须满足它对生产条件的要求。

对产品生产条件的要求，一般有以下几个方面。

1）生产产品时使用的零部件和元器件的品种和规格应尽可能地减少，尽量使用由专业生产厂生产的通用零部件或产品。因为这样便于生产管理，有利于提高产品质量并降低成本。

2）生产产品的机械零部件，必须具有较好的结构工艺性，能够采用先进的工艺方法和流程制造，且原材料消耗少，加工工时短。

3）产品中的零部件、元器件及其各种技术参数、形状、尺寸等都应最大限度地标准化。还应尽可能用生产厂曾经生产过的零部件，充分利用生产厂的先进经验，使产品具有继承性和兼容性。

4）产品所使用的原材料，其品种、规格越少越好，应尽可能少用或不用贵重材料，立足于使用国产材料和来源多、价格低的材料。

5）产品（含零部件）的加工精度和技术条件要求要相适应，不允许无根据地追求高精度。在满足产品性能指标的前提下，其精度等级应尽可能低，装配也应简易化，尽量不搞选配和修配，力求减少人工装配，便于生产自动化和流水线生产。

（2）电子产品的经济性要求

电子产品的经济性包括使用经济性和生产经济性两方面内容。电子产品的使用经济性是指产品在使用、储存和运输过程中所产生的费用；电子产品的生产经济性是指生产成本，它包括生产准备费用、原材料的辅助费用、工资和附加费用、管理费用等。为提高产品的经济性，在设计阶段应考虑以下几个问题。

1）产品研究的技术条件，根据电子产品设计的参数、性能和使用条件，正确制订设计方案和确定产品生产的复杂程度，这是产品经济性的首要条件。

2）产量确定了电子产品的结构形式和生产类型。产量的大小决定着生产批量的规模，进而影响生产方式的类型。

3）在保证产品性能的条件下，按最经济的生产方式设计零部件。在满足电子产品技术要求的条件下，选用最经济合理的原材料和元器件，以降低生产成本。

4）周密设计产品的结构，使产品具有较好的可操作性、维修性和使用性，降低产品的维修和使用费用。

【活动 2】电子产品可靠性的相关知识

1. 可靠性的概念

（1）可靠性

可靠性是指产品在规定的时间内和规定的条件下，完成规定功能的能力。

"规定的时间"是指在规定的寿命期内使用。若超过了规定的寿命还继续使用致使产品发生故障，则不属于产品的质量问题。"规定的条件"包括产品使用时的应力条件（如电气的或机械的）、环境条件和存储条件。同一产品规定的条件不一样，其可靠性相差很大。例如，同一台计算机在使用时，所在地电源的稳定程度不一样，其运行的可靠性也不一样；又如，同一部手机在市内较好的条件下使用和在野外恶劣的环境下使用，其可靠性相差也很大。"规定的功能"是指产品的全部功能，只要产品有一项功能不能达到实际标准，即认为产品发生了故障。

（2）可靠性的相关因素

可靠性涉及产品从设计、制造到使用维护直到寿命终止的全部过程。可靠性和经济性也密切相关。若可靠性过低，则维修维护费用高；若可靠性过高，则设计、制造费用高。因此，可靠性应选得适当，过低或过高都不合理。

2. 可靠性的指标

表达可靠性的主要指标通常有可靠度、故障率、平均寿命、失效率、失效密度和平均修复时间。

（1）可靠度

产品的可靠度是指产品在规定的条件和规定的时间内，完成规定功能的概率，用 $R(t)$ 表示。

（2）故障率

故障率用 $F(t)$ 表示，表示产品在 t 时刻发生故障的概率，显然 $F(t)$ 与 $R(t)$ 是对立的，因此，二者的关系为

$$F(t)+R(t)=1$$

$F(t)$ 越接近于 1，表示产品的故障率越高，即产品的可靠性越低。

（3）平均寿命

产品的平均寿命是指一批产品的寿命的平均值，用 $\bar{t}$ 表示。这里有两种情况：一种是不可修复的产品，即发生故障后不能修理或一次性使用的产品，如海底电缆、人造卫星上的产品等；另一种是可修复的产品，即发生故障后经修理仍能继续使用的产品，如电视机、手机等电子产品。

（4）失效率（瞬时失效率）

失效率用 $\lambda(t)$ 表示。它是指产品工作到 t 时刻以后的一个单位时间的失效产品数与 t 时刻尚能工作的产品数之比。

失效率 $\lambda(t)$ 越低，产品的可靠性越高，反之亦然。失效率的单位是 fit（菲特）。

（5）失效密度（故障频率）

失效密度是单位时间内失效产品数与受试验产品的起始数（总数）之比。在试验过程中，发生故障的产品不予调换，用 $f(t)$ 表示，即

$$f(t)=\frac{\Delta n(t)}{N \cdot \Delta t}$$

式中　　$\Delta n(t)$ ——在 $\Delta(t)$ 时间内失效的产品数；

　　　　N——试验样品数。

（6）平均修复时间

该项指标反映了产品的可维修度，是指平均一次故障所需的修复时间，记作 MTTR。

$$MTTR=\frac{T_R}{n}$$

式中　　n——故障次数；

　　　　T_R——修复时间总和。

3. 可靠性的分类

产品的可靠性可分为三类，分别是固有可靠性、使用可靠性和环境适应性。

（1）固有可靠性

固有可靠性是指产品在设计、制造时的内在可靠性。影响固有可靠性的因素有很多。对于电子产品来说，主要有产品的复杂程度、电路和元器件的选择和应用、元器件的工作参数及其可靠程度、机械结构和制造工艺等。

电子产品的固有可靠性在很大程度上依赖元器件的可靠性和产品内所含元器件的数量。产品内元器件的可靠性越低，所含元器件越多，则产品的固有可靠性就越低。

（2）使用可靠性

使用可靠性是指操作、维护人员对产品可靠性的影响。操作的方法、维护程序及方法，以及其他人为因素都会影响产品的使用可靠性。使用可靠性在很大程度上依赖于使用产品的人。熟练而正确地操作，及时地维护保养，都能显著提高使用可靠性。

（3）环境适应性

环境适应性是指产品所处的环境对可靠性的影响。提高产品的环境适应性，主要是

针对产品采取各种防护措施，如防热、防震、防电磁干扰及防化学腐蚀等。

4. 可靠性设计的基本原则

（1）设计方案应简化

从系统可靠性的角度来看，系统越复杂，所用的元器件越多，则系统的可靠性就越低。因此，在满足系统性能要求的前提下，尽量选用可靠性高的元器件。为了合理地实现简化，应充分注意下列原则。

1）综合利用硬件与软件的功能，充分发挥软件的功能，减少硬件的数量。

2）避免盲目追求高性能和高指标，合理确定指标和性能。

3）积极慎重地采用新技术、新器件。

4）尽量采用经过优化设计和经过检验的标准电路单元。

5）尽可能采用集成度高的集成电路。

6）数字逻辑电路要进行简化设计，并用数字电路来代替线性电路。

（2）应符合电子元器件的失效规律

了解元器件的失效规律和实际失效水平可以帮助我们进行设计和采取措施控制失效的发生，提高元器件及产品的可靠性水平。电子元器件按失效规律可分为普通元器件失效和半导体器件失效两类。

1）普通元器件的失效规律。普通元器件指电阻、电容和继电器等元器件。在大量使用后，发现它们的失效规律如图1-5所示。因为该曲线的形状像一条船或一个浴盆，所以也称为船形曲线或浴盆曲线。该曲线可明显分为三个阶段。

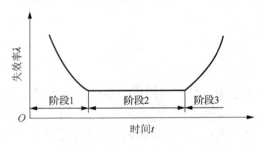

图 1-5 普通元器件的失效规律

① 早期失效阶段。该阶段的失效特点是失效率高，但随着元器件工作时间的增加，失效率迅速降低。早期失效主要是由于设计、制造工艺上的缺陷等因素导致的。尤其是材料缺陷、工艺不良、操作粗心和检验不严等，容易造成产品的早期失效，如图1-5中阶段1所示。降低早期失效率采取的措施主要是通过对原材料和生产工艺加强检验和质量控制。在出厂前对元器件进行筛选、老化检测，挑选出失效元器件，使出厂的元器件保持在较低的失效率水平。

② 偶然失效阶段。经过早期失效阶段后，元器件的失效率迅速降低，并且基本稳定下来，即此时的失效率为常数，如图1-5中阶段2所示。质量不合格的元器件在阶段1已被剔除，元器件在阶段2发生失效的主要原因是一些意外的、偶然的因素，如受

了机械撞击而造成的元器件破损，电压突然升高而造成的元器件烧毁。因为元器件都使用在这一阶段，所以该阶段也称为使用寿命期。如何避免偶然因素发生以减少失效，如何延长该阶段的时间以延长寿命，都是这一阶段要研究的问题。

③ 损耗失效阶段。这一阶段失效的特点是元器件失效率迅速上升，如图 1-5 中阶段 3 所示。元器件在这一阶段发生失效的主要原因是元器件已超过其使用寿命，由于机械磨损，材料的老化、氧化等，故障随时可能发生，失效率也随之迅速上升。该阶段的产品应作报废处理，以免造成重大的人身伤害和经济损失。

在一般情况下，电子产品的失效规律符合图 1-5 所示的曲线规律。但是，并不是所有产品都有三个失效阶段，有的产品只有其中一个或两个失效阶段。某些质量低劣的产品其偶然失效阶段很短，甚至在早期失效之后，紧接着就进入了损耗失效阶段，对于这样的产品，进行任何可靠性筛选都是不可行的。

2）半导体器件的失效规律。它只有早期失效阶段和偶然失效阶段，没有损耗失效阶段，如图 1-6 所示。这是因为半导体器件不存在材料的老化、氧化及应力破坏等因素。

了解国内外元器件的失效率水平，对电子产品的可靠性设计是很重要的，它可以帮助设计师选用合适的元器件。

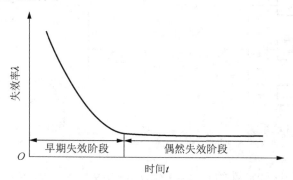

图 1-6 半导体器件的失效规律

【活动 3】提高电子产品可靠性的方法

提高电子产品可靠性的方法主要有三个：一是在电子线路设计制造上采取措施；二是采用备份系统；三是采取有效的防护措施。

1. 在电子线路设计制造上采取措施

1）在电子线路设计制造上采用多次实验证明性能良好、可靠性高的标准电路。

2）在保证性能的前提下，尽量使电路和系统简化。

3）正确选用元器件。一是通过对元器件进行筛选，剔除故障元器件，保留合格元器件；二是正确使用已选出的合格元器件。

4）在电子线路设计制造上对元器件降额使用。经验表明，电容器应在额定电压的 50%以下使用，电阻器应在额定功率的 25%以下使用，晶体管应在额定功率的 20%～30%使用。当然，降额要适当，过分降额有时会降低可靠性。

5）采用故障指示和排除装置。例如，采用插换装置，一旦发生故障可很快取出故障元器件，插上合格元器件，以减少维修时间，提高维修可靠性。

2. 采用备份系统

备份系统也称为冗余系统。把元器件、电路、整个系统或某个软件程序并联起来组成备份系统作为备份，是提高可靠性的有效手段。备份系统有以下四种。

（1）并联系统

并联系统是最常用的冗余系统，如图1-7所示。其特点是：只要有一个子系统工作，则系统正常工作；只有子系统的全部命令失效，系统才会失效；各子系统工作与否相互独立。

（2）待机系统

待机系统如图1-8所示，当子系统 A_1 工作时，A_2 处于待机备用状态。当 A_1 发生故障时，转换开关立即合上，子系统 A_2 工作，从而保证系统从输入到输出的畅通。不过对转换开关的要求很高，要求能及时发现 A_1 的故障，并立即可靠地接通 A_2 的电路。

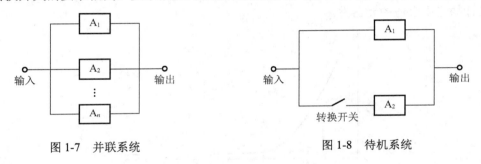

图1-7　并联系统　　　　　　　　　　　图1-8　待机系统

（3）表决系统

表决系统是一种比较特殊的冗余系统，如图1-9所示，为2/3表决系统，当三个子系统中有两个正常时，即为多数正常，则多数表决开关正常工作，系统通畅；若有两个发生故障，则正常工作的子系统只有一个，为少数，表决开关断开，系统不能正常工作。同样，表决开关的高可靠性是重要的，否则整个系统将失效。除了2/3表决系统外，还有3/5和4/7表决系统。

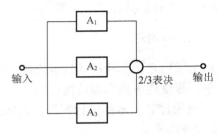

图1-9　表决系统

注意：以上三种冗余系统（并联系统、待机系统和表决系统）也称为硬件冗余。因为硬件冗余会增加设计的困难，增加成本、体积、质量，所以只在极重要的场合使用，如军事、航空等领域上，或者在元器件可靠性满足不了要求时使用。

（4）软件冗余

采取程序复执的方式，能有效地预防和处理瞬间故障，提高产品的可靠性。所谓复执，是指在系统出现瞬间故障时，重复执行故障部分程序。由于故障是瞬时的，因此在复执的时候原来的故障已消失，这样系统不必关机，往往可以自动恢复到原来正确的动作。这种方式实际上是给了两次或多次的时间完成某一程序，所以也称为时间冗余。

3．采取有效的防护措施

电子产品会在各种环境下使用、运输和储存，这些环境因素包括温度、机械、电磁干扰、气候及化学腐蚀等，它们都会引起电子产品、元器件失效，降低电子产品的可靠性。因此，在这些环境中使用电子产品一定要采取有效的防护措施。

任务评价

本任务评价由三个部分组成，即学生自评、小组评价和教师评价，并按照学生自评占30%、小组评价占30%、教师评价占40%计入总分，最后将各评价结果及最终得分填入表1-2所示的任务评价表中。

表1-2　电子产品结构基础知识任务评价表

活动	考核要求	配分	学生自评	小组评价	教师评价	得分
对电子产品的相关要求	知道电子产品在工作环境、使用和生产方面分别有什么要求	20分				
电子产品可靠性的相关知识	知道电子产品的可靠性有哪些指标，如何分类，以及其设计的基本原则	40分				
提高电子产品可靠性的方法	知道提高电子产品可靠性的措施和方法	30分				
安全文明操作	学习中是否有违规操作	10分				
总分		100分				

知识拓展

不可思议的电子产品

1．赖床症治疗神器——电击闹钟

起床又起晚了？为了帮助大家克服赖床的毛病，印度学生Sankalp Sinha设计了一个很特别的闹钟。这款闹钟最值得注意的功能是：如果使用者要多睡一会，当按下"贪睡"按钮时，闹钟自动将赖床者电击一次。

2. 电动平衡车

随着科技的发展，人们发明了很多电子产品用于日常生活中。为了方便出行，电动平衡车应运而生，常见的电动平衡车体积小巧精致，两端的踏板内置约 4kg 重的足部检测器，不用的情况下可以拎在手上或放在背包中。

电动平衡车由两个车轮、踏板、电动发动机、传感器和测速计等组成。轮子主要由腿部来操作控制，通过足部轻压而前行或者后退，并通过脚的不同压力控制车身转向，速度可达到 2.5mi/h（1mi≈1.61km）。实物如图 1-10 所示。

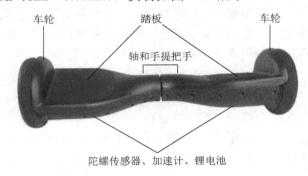

图 1-10　电动平衡车

3. 鞋子手机

据外媒报道，为了鼓励公众回收利用旧手机，国外设计师将旧手机和鞋子结合在一起，设计出一款"鞋子手机"。使用者只需将鞋子举到耳边，就可以通过鞋子里内置的手机打电话，使原本无人问津的旧手机变身成充满时尚感的"鞋子手机"。

4. 智能高尔夫手套

一家叫 GoldSense 的公司推出了一款产品，通过一个安装在高尔夫手套上的传感器和一款运行在智能手机上的应用，可以提高使用者的挥杆水平。传感器通过一个小夹子安装到高尔夫球手套上，然后监测使用者的挥杆动作。这个传感器非常轻，仅有大约 15g，在挥杆时不会感觉到任何异样。这个传感器会追踪加速度、速度、位置和姿势，每秒可以收集超过 1000 次数据，非常精确。智能高尔夫手套如图 1-11 所示。

5. 带 LED 灯的自行车

美国加利福尼亚州的一家公司通过用 LED 灯照亮车轮，使自行车车轮能够呈现自定义图像和动画。

当自行车运动时车轮上的 LED 灯就会显示，并且通过软件可以编程自定义图像和动画，然后通过蓝牙将其发送到光系统。带 LED 灯的自行车如图 1-12 所示。

图 1-11　智能高尔夫手套

图 1-12　带 LED 灯的自行车

自我测试与提高

1. 填空题

（1）电子产品具有_____、_____、_____和_____的特点。

（2）影响电子产品的环境因素主要有_____、_____、_____。

（3）可靠性是指_____。

（4）提高电子产品可靠性的方法主要有_____、_____、_____三个方面。

2. 简答题

（1）电子产品在生产方面有哪些要求？

（2）电子产品对操作维修有哪些要求？

（3）如何提高电子产品的可靠性？

（4）可靠性的指标有哪些？

（5）普通元器件的失效规律是什么？

任务 2　电子产品的防护

生活中来

1991 年，美国联邦通信委员会（Federal Communications Commission，FCC）出台规定，禁止乘客在飞机上使用手机，理由是手机发射的电磁波有可能干扰机载电子系统。航空无线电专用频率的电磁干扰被喻为飞行安全的"隐形杀手"，它给飞行安全带来的隐患不容忽视。该频率一旦受到严重干扰，飞机在空中会"耳聋"甚至"失明"，极易发生事故，甚至造成空难。电子产品的使用过程离不开环境，而电子产品所处的环境，主要包括气候环境、机械环境、电磁环境、生物化学环境和温度环境等。针对不同环境对电子设备的影响,各行各业均制定了不同的规定。

任务描述

本任务主要让学生了解气候因素对电子产品的影响,掌握电子产品散热的基本措施,理解对电子产品的机械因素的防护知识,掌握电磁干扰的屏蔽知识。其中,对电子产品的各种防护措施是重点学习内容。电子产品的防护任务单如表 1-3 所示,请根据实际完成情况填写。

表 1-3　电子产品的防护任务单

序号	活动名称	计划完成时间	实际完成时间	备注
1	气候因素的防护			
2	电子产品散热			
3	机械因素的防护			
4	电磁干扰的屏蔽			
5	其他防护			

任务实施

【活动 1】气候因素的防护

电子产品所处的环境复杂多样,气候因素对电子产品的影响也是多方面的,其中最主要的影响是潮湿、盐雾、霉菌和金属腐蚀。

1. 潮湿的防护

（1）潮湿的危害

1）潮湿会使非金属材料性能变化、失效。一些韧性大的材料（如纸制品、尼龙等）吸湿后发生膨胀、变形、强度降低乃至机械破损。水分进入材料内部还会降低绝缘性能。潮湿还会使油漆覆盖层起泡、脱落而失去保护作用。

2）水分子是一种极性分子,能够改变电气元件参数,相当于在电阻器上并联了一个可变电阻。

3）潮湿有利于霉菌的滋生与生长。

4）潮湿将引起电子产品中材料的腐蚀老化、性能变化以及元器件参数改变、性能下降,将使整机产品产生如频率漂移、振荡幅度增大、功能和效率降低、灵敏度和选择性降低等故障。

（2）防潮湿措施

防潮湿措施有憎水处理、浸渍、蘸渍、灌封、密封等方法。

1）憎水处理。通过憎水处理改变物质亲水性，使它的吸湿性和透湿性降低。例如，用硅有机化合物蒸气处理亲水物质，可以提高憎水能力。

2）浸渍、蘸渍。浸渍是将被处理的元件或材料浸入不吸湿的绝缘液中，经过一段时间，使绝缘液进入材料的小孔、毛细管、缝隙和结构间的空隙，从而提高元件材料的防潮湿性能。浸渍有两种方法：一般浸渍和真空浸渍。

蘸渍是把被处理的材料或元件短时间（一般为几秒钟）地浸在绝缘液中，使材料或元件表面形成一层薄绝缘膜，也可以用涂覆的方法在材料或元件表面上涂上一层绝缘液膜。

蘸渍和浸渍的区别在于：蘸渍只是在材料表面上形成一层防护性绝缘膜，而浸渍则是使绝缘液深入到材料内部。蘸渍适用于未经过处理的、不适宜浸渍的材料或元件，也可以用于曾经浸渍过的、但需进一步增强其防潮性能的材料或元件。蘸渍能增加材料或元件的外表美观性，蘸渍的防潮性能比浸渍差，防潮要求高的材料或元件一般不采用蘸渍。

3）灌封。灌封是指在元器件本身或元器件与外壳间的空间或引线孔中，注入加热熔化后的有机绝缘材料，冷却后自行固化封闭。

4）密封。密封就是将零部件、元器件或一些复杂的装置，甚至整机安装在不透气的密封盒中。密封属于机械防潮，是防止潮气长时期影响的最有效方法。

2. 盐雾的防护

（1）盐雾的形成原理

海水被海风（包括巨大的台风）吹卷及海浪对海岸冲击时飞溅的海水微滴被卷入空中，与潮湿的大气结合形成带盐分的雾滴，称为盐雾。盐雾存在于海上和离海岸线较近地区的大气中。

（2）盐雾的危害

盐雾的危害主要是对金属及各种金属镀层的强烈腐蚀。钢铁制品在盐雾环境下的使用寿命要比无盐雾环境短得多，因为在盐雾环境下，钢铁更容易生锈。

（3）防盐雾的方法

防盐雾的方法主要是在一般电镀的基础上进行加工，如通过严格电镀工艺保证镀层厚度并选择适当的镀层种类。

3. 霉菌的防护

霉菌属于细菌中的一个类别，它生长在土壤里，并在多种非金属材料（包括一切有机物和一些无机物）的表面上生长。

（1）霉菌的危害

霉菌侵蚀会降低材料的机械强度，使材料腐烂脆裂；可改变材料的物理性能与电性能；侵蚀金属或金属镀层表面，使之被污染甚至引起腐蚀。

（2）霉菌的防护方法

1）控制环境的温度、湿度，使绝大部分霉菌无法生长。

2）密封防霉。

3）应用防霉剂。

4）采用防霉包装。

5）使用防霉材料。

4. 金属腐蚀的防护

（1）金属腐蚀

金属腐蚀可分为化学腐蚀和电化学腐蚀两类。化学腐蚀是金属与接触到的物质（一般是非电解质）直接发生化学反应而引起的一种腐蚀。电化学腐蚀是金属与电解液发生作用时产生的腐蚀。电化学腐蚀现象与腐蚀电池作用相似。

（2）金属腐蚀的防护方法

目前常用的防护方法有改变金属的内部组织结构和表面覆盖两种方法。

1）改变金属的内部组织结构。例如，把铬、镍等加入普通钢里制成的不锈钢，就可以增加钢铁对各种侵蚀的抵抗力。

2）表面覆盖。表面覆盖就是在零件的表面覆盖致密的金属或非金属覆盖层，是最常用的金属防护方法。表面覆盖层按其性质可分为金属覆盖层、化学覆盖层和涂料覆盖层。

【活动2】电子产品散热

1. 电子产品的传热方式

电子产品的传热方式有热传导、热对流和热辐射三种，如表1-4所示。

表1-4　电子产品的传热方式

序号	名称	含义
1	热传导	通过物体内部或物体间直接接触来传播热能的过程
2	热对流	依靠发热物体或高温物体周围的气体或液体，将热能转移的过程
3	热辐射	一种以电磁波（红外波段）辐射形式来传播能量的现象

2. 提高散热的具体措施

利用热传导、热对流及热辐射，把电子产品中的热量散发到周围的环境中称为散热。电子产品有自然散热、强迫通风散热、液体冷却、蒸发冷却、半导体制冷和热管传热等散热方式，其中常用的是自然散热和强迫通风散热。

图1-13所示为冲压而成的通风孔。

（a）正方形通风孔

（b）百叶窗形通风孔

图 1-13 通风孔

图 1-14 所示为各种自然散热器。

（a）平板型散热器

（b）平行肋片散热器

（c）星型散热器

（d）叉指型散热器

图 1-14 自然散热器

【活动3】机械因素的防护

1. 机械因素对电子产品的危害

电子产品在使用、运输和存放过程中，不可避免地要接触机械环境。机械环境指电子设备在工作或运输过程中受到各种机械力（如震动、冲击、离心力和运动机构的摩擦力等）的作用，其中危害较大的是震动和冲击。

2. 电子产品减振、缓冲的措施

1）设计电子产品的减震、缓冲系统。例如，滚筒洗衣机在运输过程中设计的固定螺栓及使用过程中的减震系统。

2）电子设备的减震、缓冲总体布局。例如，电子设备的重心、导线的绑扎、器件的布置、PCB（printed circuit board，印制电路板）的固定等。

【活动4】电磁干扰的屏蔽

1. 电磁干扰对电子产品的危害

电子产品都存在内部电磁干扰和外部电磁干扰。内部电磁干扰是由于产品内部电路存在着寄生耦合而形成的相互干扰。外部电磁干扰是指除电子产品所要接收的信号以外的，通过辐射、传导或辐射和传导同时存在而形成的电磁干扰。它们从电子产品的外壳、输入导线、输出导线及馈电线等进入电子产品的内部，影响电子产品正常工作。若人体长期暴露于强力电磁干扰下，易患癌症。

2. 电磁干扰的屏蔽方法

（1）认识屏蔽

这里的屏蔽指的是对两个空间区域之间进行金属的隔离，以控制某个区域的电场、磁场和电磁波对另一个区域的感应和辐射。具体讲，就是用屏蔽体将元器件、电路、组合件、电缆或整个系统的干扰源包围起来，防止干扰电磁场向外扩散；用屏蔽体将接收电路、设备或系统包围起来，防止它们受到外界电磁场的影响。

（2）屏蔽策略

1）当干扰电磁波的频率较高时，要利用低电阻率的金属材料中产生的涡流，形成对外来电磁波的抵消作用，从而达到屏蔽的效果。

2）当干扰电磁波的频率较低时，要采用高导磁率的材料，将磁力线限制在屏蔽体内部，防止其扩散到屏蔽体外部。

3）在某些场合下，如果要求对高频和低频电磁波都具有良好的屏蔽效果，则往往采用不同的金属材料组成多层屏蔽体，如图1-15所示。

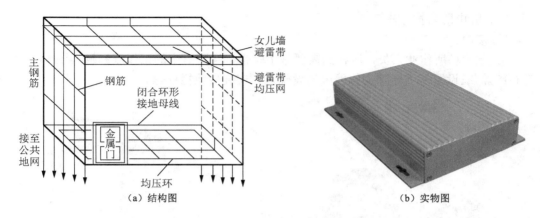

（a）结构图　　　　　　　　　　　　（b）实物图

图 1-15　不同的金属材料组成多层屏蔽体

【活动 5】其他防护

1. 接地防护

（1）认识接地

接地就是将电子产品的某些部位、电力系统的某点与大地相连，作为故障电流的泄流通道，确保电子产品的安全运行，同时确保使用人员的人身安全。

（2）接地的目的

1）降低电子产品的绝缘水平。

2）确保电子产品的安全运行。

3）确保使用人员的人身安全。

4）防止静电干扰。

5）防止电磁干扰。

2. 静电防护

（1）认识静电

静电是一种处于静止状态的电荷，产生静电的普遍方法是摩擦生电，两个不同材质的物体接触摩擦后再分离，即可产生静电。材料的绝缘性越好，越容易产生静电。在日常生活中，人们常常会碰到这种现象：脱衣服时，常听到"噼啪"的声响，而且伴有闪光；见面握手时，手指刚一接触到对方，会突然感到指尖刺痛，令人大惊失色；梳头时，头发会经常"飘"起来，越理越乱；拉门把手、开水龙头时都会"触电"，时常发出"啪啪啪"的声响。这就是发生在人体的静电。

（2）静电的危害

1）导致电子设备故障或误动作，造成电磁干扰。

2）击穿集成电路和精密的电子元件，或者促使元件老化，降低生产成品率。

3）高压静电放电造成电击，危及人身安全。

4）在易燃易爆品或粉尘、油雾较多的生产场所极易引起爆炸和火灾。

（3）静电的防护方法

1）接地。

① 危险场所作业人员，应根据需要戴手腕带、穿防静电的工作服和鞋（图1-16和图1-17），或设置易于导除人体静电的设施，如安装接地栏杆等。

图 1-16　防静电手腕带

图 1-17　防静电工作服和鞋

② 严禁在危险场所穿脱衣服或穿易产生静电的服装进入该区域。

③ 严禁在危险场所用易燃溶剂（二甲苯等）擦搓衣服，操作区地面应铺设导电地面，并保证其导电性能。

④ 静电危险区域进口处设立导除人体静电的装置。

2）隔离。在储存或运输过程中隔离元器件和组件。在储存或运输过程中，使用绝缘体是阻止静电释放的最好方式。在工作、出货、搬运区域减少常规塑胶和其他类型的绝缘体是从绝缘体中隔离产品的最好方法。隔离也可通过限制进入整个工作区域或工作站来实现。

3）改善工作环境。增加工作场所的空气湿度，也可以减少静电的产生。

任务评价

本任务评价由三个部分组成，即学生自评、小组评价和教师评价，并按照学生自评占30%、小组评价占30%、教师评价占40%计入总分，最后将各评价结果及最终得分填入表1-5所示的任务评价表中。

表 1-5　电子产品的防护任务评价表

活动	考核要求	配分	学生自评	小组评价	教师评价	得分
气候因素的防护	知道气候因素对电子产品的影响及其防护措施	10分				

续表

活动	考核要求	配分	学生 自评	小组 评价	教师 评价	得分
电子产品散热	知道热量传播的方式及电子产品的散热措施	20分				
机械因素的防护	知道振动冲击对电子产品的影响，以及振动和缓冲的原理及其防护措施	25分				
电磁干扰的屏蔽	知道电磁场屏蔽的原理及屏蔽措施	15分				
其他防护	知道接地的目的，以及静电对电子产品的危害及其防护措施	20分				
安全文明操作	学习中是否有违规操作	10分				
总分		100分				

知识拓展

老化（ageing）是指有机高分子材料在加工、储存和使用过程中，由于受热、光照、氧气、高能辐射、化学介质、微生物、潮湿等环境因素影响，逐步发生物理化学性质的变化，导致性能下降，以致最后丧失使用价值的过程。

发生老化的原因主要是结构内部具有易引起老化的弱点，如具有不饱和双键、过氧化物等，以及外界或环境因素的影响，如阳光、氧气、臭氧、热、水、机械应力、高能辐射、电、工业气体（如二氧化碳、硫化氢等）、海水、盐雾、霉菌、细菌、昆虫等。

防止老化的措施有以下几种。

1）添加各种稳定剂，这是防止老化的主要途径。这种方法能防护和抑制光、氧、热等外因对有机高分子材料产生破坏的物质。

2）采取物理防护，如涂漆、镀金属、涂覆等，在有机高分子材料表面附上保护层，阻挡或隔绝老化外因。

3）改进聚合与加工工艺，减少老化弱点。

4）将聚合物改性，如接枝、共聚引进耐老化结构等。

光荣榜：党的二十大代表

艾爱国：全国十大杰出工人

湘潭钢铁集团有限公司焊接顾问，"七一勋章"获得者。从事焊接岗位30年，他左手防护罩，右手持焊枪，抬起头来，笑容在淌着汗水的脸上绽放。一杆焊枪伴一生，"焊花"不息酬壮志，他是获得"七一勋章"的"钢铁裁缝"。

刘丽：大国工匠"女铁人"

中国石油大庆油田采油工，班长。赛场上，当金牌选手，做冠军教头；工作中，树质效标杆，为创新担当。传承"大庆精神、铁人精神"，巾帼不让须眉，以技能绝活儿和奉献精神谱写石油女工的精彩人生。

自我测试与提高

1. 填空题

（1）气候因素防护包括_____、_____、_____、_____。

（2）防潮湿可以采取_____、_____、_____、_____、_____等方法。

（3）金属腐蚀可分为_____和_____两类。

（4）电子产品的传热方式有_____、_____、_____三种。

（5）静电的防护方法有_____、_____、_____。

2. 简答题

（1）请说一说潮湿机理，并说明潮湿对电子产品的危害。

（2）盐雾对电子产品有哪些危害？应该怎么防护？

（3）霉菌对电子产品有哪些危害？应该怎么防护？

（4）金属的防护方法是什么？

（5）请描述减震和缓冲的基本原理。

（6）对于电子产品可以采取哪些减震缓冲措施？

（7）接地的目的是什么？

（8）电磁干扰的屏蔽策略是什么？

项目 2

电子产品质量认证体系

随着全球贸易的发展，世界各国为了经济发展的需要，对产品质量提出了更高的要求，制定了各种质量保证制度。但因为各国经济体制和文化背景的差异，所采用的质量概念和术语都有所不同，不同的质量制度难以被相互认同，从而阻碍全球贸易的发展。国际化标准组织 ISO 经过将近十年的努力，于 1987 年发布了 ISO 9000 质量标准体系，以适应贸易发展的需要。中国国家技术监督局根据我国经济发展的实际情况，早已等同采用了 ISO 9000 系列标准。如今，在全球范围内大量企业通过了 ISO 9000 的认证，涉及领域从制造业到服务业，从公关服务到自愿团体等。

知识目标

1）了解产品质量管理的基本知识。
2）了解电子产品的生产过程及全面质量管理。
3）了解 ISO 9000 系列国际质量标准。
4）了解国际质量标准体系。
5）了解各国产品认证的类型。
6）熟悉中国 3C 认证的过程。

技能目标

1）能识读质量管理标准。
2）掌握中国 3C 认证的内涵。

情感目标

培养学生严谨的科学态度，以及勤于思考、团结协作、吃苦耐劳等品质。

任务 1　电子产品的质量管理

【背景介绍】
ISO（International Organization for Standardization，国际标准化组织）是一个全球性的非政府组织。1946年10月，25个国家标准化机构的代表在伦敦召开大会，决定成立新的国际标准化机构，定名为ISO。大会起草了 ISO 的第一个章程和议事规则，并认可通过了该章程草案。1947 年 2 月 23 日，国际标准化组织正式成立。其成员由来自世界上 100 多个国家的国家标准化团体组成，代表中国参加 ISO 的国家机构是国家技术监督局(国家技术监督局曾更名为国家质量技术监督局,后与国家出入境检验检疫局合并组建中华人民共和国国家质量监督检验检疫总局,简称国家质检总局)。

生活中来

在现代社会，各种各样的电子产品充斥着我们的生活：电子钟的闹铃提醒时间的到来，电饭锅煮出的大米饭满足人们的胃，电灯带来光明，电视带来信息与娱乐，手机提高人们的通信效率，计算机带来快捷办公与互联网娱乐……电子产品要满足人们的各种需要，除了拥有特定的功能外，必须具备可靠的性能与优越的质量，才能让人放心地使用。

任务描述

本任务主要完成三个活动内容，即质量管理的基本知识、电子产品的生产过程及全面质量管理、国际质量标准体系。其中，ISO 9000 系列国际质量标准为重点学习内容。电子产品的质量管理知识任务单如表 2-1 所示，请根据实际完成情况填写。

表 2-1　电子产品的质量管理知识任务单

序号	活动名称	计划完成时间	实际完成时间	备注
1	质量管理的基本知识			
2	生产过程与全面质量管理			
3	国际质量标准体系			

任务实施

【活动 1】质量管理的基本知识

1. 质量和电子产品质量

（1）质量

质量的定义是一组固有特性满足要求的程度。可以理解为质量不仅是指产品的质量，也包括产品生产活动或过程的工作质量，还包括质量管理体系的运行质量。

（2）电子产品质量

电子产品的质量是指通过生产制造形成的电子产品的实体质量，是反映电子产品满足相关标准规定或合同约定的要求，包括安全性、使用功能及其有效度等方面的特性总和。

2. 质量管理及质量控制

（1）质量管理

质量管理是指在质量方面指挥和控制组织的协调活动，其主要的职能有质量方针和质量目标的建立、质量策划、质量控制、质量保证和质量改进等。所以，质量管理就是建立和确定质量方针、质量目标及职责，并在质量管理体系中通过质量策划、质量控制、质量保证和质量改进等手段来实现全部质量管理职能的所有活动。

田知识窗

质量管理的概念诞生于20世纪初，质量管理首先进入质量检验阶段；20世纪中叶进入统计质量管理阶段；从20世纪中后期一直到现在，质量管理进入了全面质量管理阶段。随着科学技术和管理论的不断发展，出现了一些关于产品质量的新概念，如"安全性""可靠性""经济性"等。

（2）质量控制

1）工序质量控制点。所谓工序质量控制点，就是在工序控制中必须重点控制的对象。对于生产现场来讲，在关键工序或存在问题的工序中需要重点控制的质量特性，就是工序质量控制点。

一般选择下列部位或环节作为质量控制点。

① 对产品质量形成过程产生直接影响的关键部位、工序、环节。

② 生产过程中的薄弱环节，或者质量不稳定的工序、部位或对象。

③ 对下道工序有较大影响的上道工序。

④ 采用新技术、新工艺、新材料的部位或环节。

⑤ 产品质量无把握的、生产制造条件困难或技术难度大的工序或环节。

⑥ 用户反馈指出的和过去有过返工的不良工序。

2）质量控制的五大要素。五大要素是指"人""机""料""法""环"。其中，人处于中心位置，但其他要素也不可或缺，各自起着不同的作用。五大要素概括了质量控制各个环节的基本要素，既有切实可行的操作性，又有继承和发展的连贯性，在企业获得广泛认同。

人——操作者、管理者等。人的质量包括人的技能、文化素养、生理机能、心理行为等方面的个体素质，还包括以经过合理组织和激励发挥个体潜能综合形成的群体素质。

机——机器、设备、仪器、工具等。机械设备是所有计划、方案和施工方法得以实施的重要物质基础，合理选择和正确使用机械设备是保证产品质量的重要措施。

料——生产原料、元器件、半成品等。材料是产品实体的组成部分，其质量是产品实体质量的基础。加强原材料、元器件、半成品的质量控制，不仅是提高产品质量的必要条件，也是实现产品的投资目标和进度目标的前提。

法——工艺规范、方法、制度等。合理的工艺、先进的方法是直接影响产品质量的关键因素，制订和采用技术先进、经济合理、安全可靠的技术工艺方案，是产品质量控制的重要环节。

环——工作环境、自然环境、管理环境等。环境因素对产品质量的影响，具有复杂多变和不确定性的特点，具有明显的风险特性，要减少其对产品质量的不利影响。

【活动2】生产过程与全面质量管理

1. 生产过程

所谓产品的生产过程，是指产品从研制、开发到销售的全过程。该过程包括设计、试制、批量生产三个主要阶段，每个阶段又可以分成若干环节。

1）设计阶段。每个生产者都想生产出适销对路的产品，因此，产品设计应该从市场调查开始。通过调查，分析客户心理与市场信息，掌握客户对产品质量、性能的需求。根据分析结论尽快研制出产品设计方案，并对方案进行可行性论证，找出该设计的技术关键及技术难点；再对设计方案进行原理性试验，在试验基础上修改设计方案并进行样机设计。

2）试制阶段。试制阶段分为三个步骤：样机试制、产品定型设计、小批量试生产。即根据样机资料进行样机试制，以实现产品的设计性能，同时修改、完善工艺技术资料。

3）批量生产阶段。小批量生产的最终目的是达到大批量生产，生产的批量越大，生产成本越低，经济效益越高。在批量生产过程中，应根据全套工艺技术资料进行组织生产。生产组织包括原料供应、组织零部件加工、工具设备准备、生产场地布置、插件、焊接、装配调试生产线、各类生产人员培训、设置各工序工种的质量检验、指定产品试验项目及包装运输规则、开展新产品宣传语销售工作、组织售后服务等。

2. 全面质量管理的思想

全面质量管理（total quality control，TQC），是指产品参与各方所进行的质量管理的总称，是欧美和日本在 20 世纪中期开始广泛应用的质量管理理念和方法，它涉及产品的品质质量、工序质量、工作质量以及影响产品的各种直接或间接的质量，贯穿于产品从市场调查到产后销售服务的整个过程，包括操作工人、工程技术人员、管理干部等在内的企业全体职工。我国从 20 世纪 80 年代开始引进和推广全面质量管理，其基本原理就是强调在企业或组织最高管理者的质量方针指引下，实行全面、全过程和全员参与的质量管理。

3. 产品生产过程中的质量管理

产品生产过程是一个质量管理的过程，如果在产品生产的某一个阶段出了质量问题，那么该产品的最终成品一定也存在质量问题。电子产品是由许多元器件、零部件经过多道工序制造而成的，全面质量管理在电子产品的生产过程中就显得格外重要。产品生产过程的质量管理主要由以下三个方面构成。

（1）设计阶段的质量管理

产品设计是产品质量形成和产生的起点，要设计出具有高性价比的产品，就必须从源头上抓起。设计人员应根据企业自身的生产技术水平编制合理的生产工艺文件，使后续批量生产质量得到保障。

1）广泛收集整理国内外同类或相似产品的技术资料，了解其质量情况与生产技术水平，做好市场调研，了解客户需求与对产品性能的要求。

2）根据市场调研综合分析，确定产品质量目标并设计实施方案。质量目标和设计实施方案应充分考虑客户需求，并对产品性能指标、可靠性、价格、使用方法、维修手段、批量生产中的质量保证等进行全面综合的策划，尽可能地从众多方案中选择最佳设计方案。

3）认真分析所选设计方案的技术难点，成立技术攻关小组，解决关键技术问题，初步确定设计方案。

4）经过试验的设计方案，按照切实可靠、经济合理、客户满意的原则进行样机设计，并对设计方案进行进一步的综合审查，研究生产中可能出现的问题，最终确定合理的样机设计方案。

（2）试制阶段的质量管理

产品的试制阶段可以分为样机试制、产品设计定性、小批量试生产三个过程，该阶段中的质量管理应包括以下内容。

1）现场试验，检查产品是否符合设计方案中的主要性能指标与要求，制订周密的样机试制计划。

2）对样机进行反复试验并及时反馈存在的问题，根据反馈的问题对设计方案做进一步的调整。

3）组织有关专家和单位对样机进行技术鉴定，审查其各项技术指标是否符合国家有关规定。

4）样机通过技术鉴定后，组织小批量的试生产。通过试生产，认真进行工业验证，分析生产质量，验证装配工具、工业操作、产品结构、原材料等是否能达到要求，考察产品质量能否达到设计质量要求，进一步进行修改完善。

5）按产品定型条件，组织有关专家进行产品定型鉴定。

6）制定产品技术标准、技术文件，建立健全产品质量检测手段，取得产品质量监督机构的鉴定合格证。

（3）制造阶段的质量管理

产品的制造过程是指产品进行大批量生产的过程，该过程的质量管理是保证产品质量能否稳定地达到设计标准的关键性因素。

1）按照工艺文件在各道工序、每个工种及制造中设置质量监控点，严格控制质量。

2）严格执行各质量控制工艺要求，把不合格的原料和零部件控制在下一道工序之外，坚决杜绝不合格的整机产品出厂，管控产品质量。

3）统一计量标准，并进行定期与不定期的计量检定，维护各类检查工具、仪器仪表，保证规定的精度准确。生产线尽可能使用自动化设备，尽量避免手工操作，提高质量的稳定性。生产无静电损伤产品的生产线上还应安装防静电设备，以确保零部件不被损伤。

4）严格执行生产工艺文件和操作规程，规范操作，保证产品质量。

5）加强员工质量意识的培养及其他生产辅助部门的管理，提高对质量要求的自觉性。必要时应根据需要对各岗位员工进行培训和考核，考核合格的才能上岗工作。

【活动 3】国际质量标准体系

1．ISO 9000 国际质量标准体系

ISO 9000 系列标准，是第一套管理性质的国际标准，它是各国质量管理与标准化专家在先进的国际准备的基础上，对科学管理时间的总结和提高。它既系统、全面、完善，又简明、扼要，为开展质量保证和企业建立健全的质量体系提供了有力的指导。

1979 年，国际标准化组织（ISO）成立了"国际标准化组织质量管理和质量保证技术委员会"（ISO/TC176），于 1986 年 6 月 15 日正式颁布了 ISO 8402《质量管理和质量保证术语》标准。

从 1995 年开始，ISO/TC176 在世界范围内进行了大规模的调查研究活动，广泛征询意见，为标准的继续修订做了充分准备，于 1998 年提出标准草案的建议稿，经第二稿、标准草案稿和国际标准草案稿等多次修改，在取得 TC176 多数成员国最终表决通过后，于 2000 年 12 月 15 日正式发布《ISO 9000：2000 新版国际标准》。它主要包括核心标准、技术报告、其他标准、小册子四个方面。

（1）核心标准

1）ISO 9000：2000《质量管理体系——基础和术语》。

2）ISO 9001：2000《质量管理体系——要求》。

3）ISO 9004：2000《质量管理体系——业绩改进指南》。

4）ISO 19011《质量和（或）环境管理体系审核指南》。

（2）技术报告

1）ISO/TR 1006：项目管理指南。

2）ISO/TR 1007：技术状态管理指南。

3）ISO/TR 10013：质量管理体系文件指南。

4）ISO/TR 10014：质量经济指南。

5）ISO/TR 10015：教育和培训指南。

6）ISO/TR 10017：统计技术在 ISO 9001 中的应用指南。

（3）其他标准

ISO 10012《测量设备的质量保证要求》。

（4）小册子

1）质量管理原理。

2）选择和使用指南。

3）ISO 9001 在小企业中的应用指南。该系列标准的特点是适用于各种规模、各种行业组织，包括制造业和非制造业，对服务业亦具有良好的适用性。

此外，还有与质量管理体系相关的审核指南性标准（ISO 9011：2000）、测量控制系统标准（ISO 10012：2000）等。ISO 对标准的修订工作仍在进行之中，以确保标准的时效性和实用性。

2. 中国的质量管理体系

国际标准化组织和我国标准管理部门规定，国际标准采用可分为等同采用、等效采用、参照采用三种。国家质检总局根据我国经济发展的实际情况，决定等同采用 ISO 9000 系列标准，并于 1992 年 10 月发布标准号为 GB/T 19000—ISO 9000 的质量管理国家标准。GB/T 19000—2000 系列标准是 2000 年 12 月发布的国家标准。该标准结构严谨、定义明确、规定具体、易于理解，等同于（idt）ISO 9000 系列标准。标准编号中的"T"意为"推荐"，"idt"意为"等同采用"，所以该系列标准为推荐性标准，并且与 ISO 9000：2000 标准系列的各项标准相对应，它由以下三个核心标准组成。

1）GB/T 19000—2000《质量管理体系—基础和术语》（ISO 9000：2000）。

2）GB/T 19001—2000《质量管理体系—要求》（ISO 9001：2000）。

3）GB/T 19004—2000《质量管理体系—业绩改进指南》（ISO 9004：2000）。

此外，与质量管理体系相关的审核标准《质量和（或）环境管理体系审核指南》（GB/T 19011—2001 idt ISO 19011：2001）也是指导质量体系的一个主要标准。

任务评价

本任务评价由三个部分组成，即学生自评、小组评价和教师评价，并按照学生自评占 30%、小组评价占 30%、教师评价占 40% 计入总分，最后将各评价结果及最终得分填入表 2-2 所示的任务评价表中。

表 2-2　电子产品的质量管理任务评价表

活动	考核要求	配分	学生自评	小组评价	教师评价	得分
质量管理的基本知识	知道电子产品的质量概念，以及质量管理的含义与控制因素	10 分				
生产过程与全面质量管理	知道电子产品的生产过程，以及全面质量管理的思想；了解产品生产过程中的质量管理	40 分				
国际质量标准体系	ISO 9000 系列国际质量标准的含义与意义，以及我国的质量标准体系	40 分				
安全文明操作	学习中是否有违规操作	10 分				
总分		100 分				

知识拓展

1. 质量管理的 PDCA 循环

在长期的生产实践和理论研究中形成的 PDCA 循环，是建立质量管理体系和进行质量管理的基本方法。每一个循环都围绕着实现预期目标，进行计划、实施、检查和处置活动，随着对存在问题的解决和改进，在一次一次的滚动循环中逐步上升，不断增强质量管理能力，不断提高质量水平。每一个循环的四大职能活动相互联系，共同构成了质量管理的系统过程。

（1）计划 P（plan）

计划由目标和实现目标的手段组成，是一条"目标—手段"链。

（2）实施 D（do）

实施职能在于将质量的目标值，通过生产要素的投入、作业技术活动和产出过程，转换为质量的实际值。

（3）检查 C（check）

检查是指针对计划实施过程进行各种检查，包括作业者的自检、互检和专职管理者的检查。

（4）处置 A（action）

对质量检查中发现的质量问题或质量不合格及时进行原因分析，采取必要的措施予以纠正，保持产品质量形成过程的受控状态。

图 2-1 所示为 PDCA 循环的四个阶段。

图 2-1　PDCA 循环的四个阶段

2. ISO 9000 质量管理八项原则

质量管理八项原则是 ISO 9000 族标准的标志基础，是世界各国质量管理成功经验的科学总结，其中不少内容与我国全面质量管理的经验吻合。

（1）以顾客为关注焦点

组织依存于其顾客。组织应理解顾客当前的和未来的需求，满足顾客要求并争取超越顾客的期望。

（2）领导作用

领导者确立本组织统一的宗旨和方向，并营造和保持使员工充分参与实现组织目标的内部环境。因此，领导在企业的质量管理中起着决定性作用。只有领导重视，各项质量活动才能有效开展。

（3）全员参与

各级人员都是组织之本，只有全员充分参加，才能使他们的才干为组织带来收益。产品质量是产品形成过程中全体人员共同努力的结果，其中也包含着为他们提供支持的管理、检查、行政人员的贡献。

（4）过程方法

将活动和相关的资源作为过程进行管理，可以更高效地得到期望的结果。任何使用资源的生产活动和将输入转化为输出的一组相关联的活动都可视为过程。ISO 9000 族标准建立在过程控制的基础上。一般在过程的输入端、过程的不同位置及输出端都存在着可以进行测量、检查的机会和控制点，对这些控制点实行测量、检查和管理，便能控制过程的有效实施。

（5）管理的系统方法

将相互关联的过程作为系统加以识别、理解和管理，有助于组织提高实现其目标的有效性和效率。不同企业应根据自己的特点，建立资源管理、过程实现、测量分析改进等方面的关联，并加以控制。

（6）持续改进

持续改进总体业绩是组织的一个永恒目标，其作用在于增强企业满足质量要求的能力，包括产品质量、过程及体系的有效性和效率的提高。持续改进是增强和满足质量要求能力的循环活动，是使企业的质量管理走上良性循环的必由之路。

（7）基于事实的决策方法

有效的决策应建立在数据和信息分析的基础上，数据和信息分析是事实的高度提炼。以事实为依据作出决策，可防止决策失误。

（8）与供方互利的关系

组织与供方是相互依存的，建立双方的互利关系可以增强双方创造价值的能力。供方提供的产品是企业提供产品的一个组成部分。处理好与供方的关系，是企业能否持续稳定地向顾客提供满意产品的重点。

3．ISO 组织机构介绍

ISO 的主要机构有全体大会、理事会、技术管理局和中央秘书处。ISO 的官员有 5 名，即主席 1 名、主管政策的副主席 1 名、主管技术的副主席 1 名、司库 1 名、秘书长 1 名。图 2-2 所示为 ISO 组织机构图。

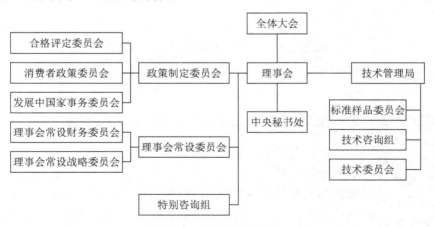

图 2-2　ISO 组织机构图

自我测试与提高

1. 填空题

（1）质量不仅是指_____，也包括产品生产活动或过程的_____，还包括质量管理体系的_____。

（2）质量管理就是建立和确定_____、_____及_____，并在质量管理体系中通过_____、_____、_____和_____等手段来实现全部质量管理职能的所有活动。

（3）质量控制的五大要素是指_____、_____、_____、_____、_____。其中_____处于中心位置，但其他要素也不可或缺，各自起着不同的作用。

（4）电子产品的生产过程是指产品从_____、_____到销售的全过程。该过程包括_____、_____、_____三个主要阶段。

（5）"ISO 9000：2000 新版国际标准"是在取得_____多数成员国最终表决通过后，于 2000 年 12 月 15 日正式发布的，它主要包括_____、_____、_____、_____四个方面。

（6）质量管理 PDCA 循环的每一个循环都围绕着实现_____，进行_____、_____、_____和_____，随着对存在问题的解决和改进，在一次一次的滚动循环中逐步上升，不断增强质量管理能力，不断提高质量水平。

2. 简答题

（1）什么是质量管理？它有哪些特点？
（2）什么是全面质量管理？在产品的生产过程中如何进行质量管理？

任务 2　电子产品的认证

【背景介绍】
产品认证制度起源于 20 世纪初的英国，随着时代的变迁，已成为国际上通行的用于产品安全、质量、环保等特性评价、监督管理的有效手段。

生活中来

现代生活中，电子产品无处不在，小到手机、充电器、电子钟，大到冰箱、电视、卫星等。细心的人会发现在电子产品后盖上的产品铭牌上有各种图案标志，是专业机构对产品性能、质量、安全的认证标志。只有获得相应产品认证的商品，才能上市销售，并得到顾客的肯定。

任务描述

本任务主要完成三个活动内容，即产品认证概述、世界各国的产品认证、中国 3C 强制认证。其中，中国 3C 强制认证为重点内容。电子产品的认证知识任务单如表 2-3 所示，请根据实际完成情况填写。

表 2-3　电子产品的认证知识任务单

序号	活动名称	计划完成时间	实际完成时间	备注
1	产品认证概述			
2	世界各国产品认证			
3	中国 3C 认证			

任务实施

【活动 1】产品认证概述

1. 产品认证

在全球贸易迅速发展的今天，随着市场经济的成熟和标准化水平的提高，产品认证已经成为全球各国质量管理、贯彻标准的手段。产品认证是对产品质量的评价、监督和管理的有效方法。产品认证又分为安全认证（强制认证）和合格认证（自愿认证）。从事产品认证的机构要经过国家的认可，开展强制性认证还要有政府的授权。

国际标准化组织曾对"认证"一词进行了三次定义。

1）用合格证书或合格标志证明某一产品或服务符合特定标准或其他技术规范的活动（1983 年）。

2）由可以充分信任的第三方证实某一鉴定的产品或服务充分符合特定的标准或全部的技术规范活动（1986 年）。

3）由第三方确认产品、过程或服务符合特定要求并给予书面保证的程序（1996 年）。

2. 产品认证的历史

20 世纪初，随着科学技术的不断发展，电子产品种类的日益增多，产品性能和结构也更加复杂，消费者在选择和购买产品时，因自身知识的局限性，一般只关注产品的使用性能，而对产品在使用过程中的安全问题疏于考虑。一旦产品存在安全隐患，就可能对人身安全造成危害。因此，对消费者来说，都希望能有一个公证的第三方组织对产品质量的真实性出具证明。与此同时，一些工业化国家为了保护人身安全，也开始制定法律和技术规范，第三方产品认证应运而生。

世界上最早实行认证的国家是英国。1903 年，当时称为英国工程标准委员会的英国标准协会（British Standards Institution，BSI），首先创立了世界上第一个产品认证标志，即 BS。该标志按照英国的商标法进行注册，成为受法律保护的标志。目前，比较知名的认证标志主要有美国的 UL 和 FCC，欧盟的 CE，德国的 TUV、VDE 和 GS，加拿大的 CSA。此外，还有澳大利亚和新西兰的 SAA、日本的 JIS 和 PSE、韩国的 KTL 及俄罗斯的 PCT 等。

我国的产品认证制度起步比较晚，自 1985 年以来，随着原国家技术监督局的"中国电工产品安全认证"（CCEE，长城认证）和原国家进出口商品检验局的"进口安全质量许可制度"（CCIB）的发展，到 2002 年 5 月 1 日两种产品认证的整合，我国才真正建立并完善了与国际接轨、符合标准及评定程序的较为规范的产品认证体系及制度，即中国强制认证（China Compulsory Certification，CCC），简称 3C 认证。

3．产品认证的意义

当今世界上许多国家和地区都建立了比较完善的产品认证体系，有些是政府立法强制的，也有些获得了消费者的全面认可。如果进入某个国家或地区的产品，已经获得了该国家或地区的产品认证，贴有指定的认证标志，那么就等于获得了安全质量信誉卡，该国的海关、进口商、消费者对其产品就能够接受。特别是对于欧美发达国家的消费者来说，带有认证标志的产品会给他们高度的安全感和信任感，他们只信赖或者只愿意购买带有认证标志的产品。

在国际贸易流通领域中，产品认证也给生产企业和制造商带来了许多潜在的利益。首先，使认证企业从申请开始，就依据认证机构的要求自觉执行规定的标志并进行质量管理，主动承担自身的质量责任，对生产全过程进行控制，使产品更加安全可靠，大大减少了因产品不安全造成的人身伤害，保证了消费者的利益；其次，由于产品加贴的安全认证标志在消费者心中是可信的，引导消费者放心购买，能促进产品的销售，从而给销售商及生产企业带来更大的利润；再次，企业的产品通过其国家或者地区的认证，贴有出口国的认证标志，能提高出口产品在国际市场上的地位，有利于在国际市场上公平、自由竞争，成为全球范围内消除贸易技术壁垒的有效手段。

4．产品认证的依据

产品认证的主要依据有法律法规、技术标准和技术规范，以及合同约定。

（1）法律法规

有许多国家都对危及生命财产安全、人类健康的产品实施认证，大都采用立法的形式，即制定法律法规，建立认证制度，规定认证程序，指导认证的具体实施。法律法规形式主要有以下几种。

1）国家法令、国家和政府决议。

2）专门的产品认证法律法规、认证制度（属于产品认证立法）。

3）认证标志按照商标的法律执行。

（2）技术标准和技术规范

产品的安全性是由设计和生产者来保证的，而设计与生产时是否按照相应的安全标准和技术规范来进行，是保证产品安全性的必要因素。作为认证依据的产品标准和技术规范主要有国际标准、区域性标准、国家标准、合同约定等。其中，大多数区域性标准和国家标准是依据国际标准——ISO 标准制定的，ISO 电子电工产品标准由国际电工委员会（International Electro Technical Commission，IEC）负责制定，信息技术标准由 ISO 和 IEC 共同制定，我国大部分 3C 产品认证采用国家标准（GB）。

（3）合同约定

在国内外经济贸易活动中，买卖双方在签订合同、协议时，对有关产品安全性的要求做出的明确规定，包括应该遵守的技术标准和规范，具体到标准中的某些具体内容及补充内容等，都可作为认证的依据。

【活动2】世界各国产品认证

1. 美国 UL 认证和 FCC 认证

UL（Underwriter Laboratories Inc.）是美国保险实验室认证标志的简写形式，UL 认证标志如图 2-3 所示。它是美国最有权威的，也是世界上从事安全试验和鉴定的较大的民间机构。进入美国的货物，很多都需要 UL 认证标志，它是一个独立的、非营利的、为公共安全做试验的专业机构。它采用科学的测试方法研究确定各种材料、装置、产品、设备、建筑等对生命、财产有无危害和危害的程度，确定、编写、发行相应的标准和有助于减少及防止造成生命财产受到损失的资料，同时开展实情调研业务。总之，它主要从事产品的安全认证和经营安全证明业务，其最终目的是为市场提供具有相当安全水准的商品。

FCC 成立于 1934 年，是美国政府的一个独立机构，直接对国会负责。FCC 认证标志如图 2-4 所示。FCC 通过控制无线电广播、电视、电信、卫星和电缆来协调国内和国际的通信。FCC 管理进口和使用无线电频率装置，包括计算机、传真机、电子装置、无线电接收和传输设备、无线电遥控玩具、电话以及其他可能伤害人身安全的产品。

（a）列名

（b）分级

（c）认可

图 2-3　UL 认证标志

图 2-4　FCC 认证标志

2. 欧盟的 CE 认证和 EMC 认证

CE 是由 European Conformity（欧洲共同体）缩写而来。欧洲共同体后来演变成了欧盟。

CE 标志是一种安全认证标志，被视为制造商进入欧盟的护照，如图 2-5（a）所示。凡是贴有 CE 标志的产品就可在欧盟各成员国内销售，无须符合每个成员国的要求，从而实现了商品在欧盟成员国范围内的自由流通。

EMC（elector magnetic compatibility）直译是"电磁兼容性"，意指设备所产生的电磁能量既不对其他设备产生干扰，也不受其他设备的电磁能量干扰，标志如图 2-5（b）所示。拥有 EMC 标志的产品，表明该产品的电磁兼容特性符合欧洲标准，EMC 标志的适用范围为各类电器产品。

（a）CE 认证标志　　　　　　　（b）EMC 认证标志

图 2-5　欧盟认证标志

3．德国 VDE 认证和 GS 认证

VDE 认证标志如图 2-6（a）所示。VDE 即德国电气工程师协会，是一个国际认可的电子电器及其零部件安全测试及出证机构，是欧洲最有测试经验的试验认证和检查机构之一，也是获欧盟授权的 CE 公告机构及国际 CB 组织成员。在国际上，VDE 得到电工产品方面的 CENELEC 欧洲认证体系，CECC 电子元器件质量评定的欧洲协调体系，世界性的 IEC 电子产品、电子元器件认证体系的认可。

GS 的含义是 Geprüfte Sicherheit（安全性已认证），也是 Germany Safety（德国安全）的意思，认证以德国产品安全法为依据。它是按照欧盟统一标准 EN 或德国工业标准 DIN 进行检测的一种自愿性认证，是欧洲市场公认的德国安全认证标志，如图 2-6（b）所示。GS 标志适用产品范围十分广泛，主要包括家电产品、信息产品、电动及手动工具、影像及音响产品、灯具产品、电子检测仪器、健身器材、玩具和办公室家具等。

（a）VDE 认证标志　　　　　　（b）GS 认证标志

图 2-6　VDE 认证标志和 GS 认证标志

4．加拿大 CSA 认证

CSA 是 Canadian Standards Association（加拿大标准协会）的简称。它成立于 1919 年，是加拿大首家专为制定工业标准而设立的非营利性机构。CSA 认证标志如图 2-7 所示。在北美市场上销售的电子、电器等产品都需要取得 CSA 的认证。

图 2-7　加拿大 CSA 认证标志

5. 北欧四国 Nordic 产品认证

北欧四国是指挪威、瑞典、芬兰和丹麦。这四个国家的测试与认证机构分别为 NEMKO（挪威电气标准协会）、DEMKO（丹麦电气标准协会）、FIMKO（芬兰电气标准协会）、SEMKO（瑞典电气标准协会）。其中，具有 NEMKO 标志代表该产品经过了挪威认证的一系列安全测试，以确保产品能经受住物理损耗、燃烧和电子冲击。NEMKO 标志在评测后 10 年内有效，过了有效期则必须重新进行测试。具有 SEMKO 标志说明该产品与欧洲标准一致。

该四国的认证机构之间订立了协议，互相认可彼此的测试结果。换言之，只要某产品获得北欧四国中任何一个国家的认可，不需要再提供产品进行检测，就可以轻易取得其余三国的认证证书。该四国产品认证范围包括工业设备、机械设备、通信设备、电气产品、个人防护用具和家用产品等。目前，DEMKO 被 UL 购买，SEMKO 被 ITS（intertek testing services）购买，FIMKO 被 SGS（societe generade de surveillance S. A.）购买，但业务仍可继续进行。

另外，EK 为韩国的安全认证，认证标志如图 2-8（a）所示；IMQ 为意大利的安全认证，认证标志如图 2-8（b）所示；HK 为中国香港特别行政区的安全认证，认证标志如图 2-8（c）所示；OVE 为奥地利的安全认证，认证标志如图 2-8（d）所示。

（a）EK 认证标志　　（b）IMQ 认证标志　　（c）HK 认证标志　　（d）OVE 认证标志

图 2-8　其他国家安全认证标志

【活动 3】中国 3C 认证

1. 中国 3C 认证简介

3C 认证作为国家安全认证（CCEE）、进口安全质量许可制度（CCIB）、中国电磁兼容认证（EMC）三合一的"CCC"权威认证，是中华人民共和国国家市场监督管理总局和中国国家认证认可监督管理委员会与国际接轨的一个先进标志，有着不可替代的重要性。

我国原国家质检总局和中国国家认证认可监督管理委员会于 2001 年 12 月 3 日对外发布了《强制性产品认证管理规定》，对列入目录的 19 类 132 种产品实行"统一目录、统一标准与评定程序、统一标志和统一收费"的强制性认证管理。将原来的"CCIB"认证和"长城 CCEE 认证"统一为 3C 认证，标志如图 2-9 所示。

（a）基本形　　（b）消防认证　　（c）安全认证　　（d）安全与电磁兼容认证　　（e）电磁兼容类认证

图 2-9　3C 认证标志

3C 认证从 2003 年 5 月 1 日起全面实施，原有的产品安全认证和进口安全质量许可制度同期废止。目前，已公布的强制性产品认证制度有《强制性产品认证管理规定》《强制性产品认证标志管理办法》《第一批实施强制性产品认证的产品目录》《实施强制性产品认证有关问题的通知》。第一批列入强制性认证目录的产品包括电线电缆、开关、低压电器、电动工具、家用电器、音视频设备、信息设备、电信终端、机动车辆、医疗器械、安全防范设备等。

3C 标志并不是质量标志，3C 认证只是一种最基础的安全认证。它是我国政府按照世贸组织有关协议和国际通行规则，为保护广大消费者人身和动植物生命安全，保护环境，保护国家安全，依照法律法规实施的一种产品合格评定制度。

3C 认证的主要特点是：国家公布统一目录，确定统一适用的国家标准、技术规则和实施程序，制定统一的标识，规定统一的收费标准。凡列入强制性产品认证目录内的产品，必须经国家制定的认证机构认证合格，取得相关证书并加施认证标志后，方能出厂、进口、销售和在经营服务场所使用。

2. 中国 3C 认证的过程

(1) 申请人向指定认证机构提出认证申请

1) 填写认证申请表，提交申请材料。申请表信息填写申请人、制造商、产品名称、型号、规格、商标等信息。

提供产品的相关申请资料，包括产品说明书、使用维修手册、产品总装图、工作（电气）原理图、线路图、部件配置图、产品安全性能检验报告、安全关键件一览表等。若申请的产品是电工产品，则须做电磁兼容型式试验；如果所申请的产品是已获证型号产品的变更，或者与已获证产品有联系，则申请人应在申请书中做出说明。申请人提交的一切资料应用中文书写，国外申请人可使用英文。3C 产品认证中心产品认证部同样接受来自国外申请人的产品认证请求，处理程序和要求与国内申请一样。

2) 认证机构对申请资料进行评审，并向申请人发出收费通知和送交样品通知。

3) 申请人按合同约定的方式支付相关费用。如果申请人不能及时满足上述要求，造成时间延误，认证周期增长，那么责任由申请人自己负担。

4) 认证机构向检查机构下达测试任务，申请人将样品送交到指定的鉴定机构进行检测。

(2) 产品定型试验

检验机构按照企业提交的样品和技术要求，对样品进行检测与试验。由于检测和试验只针对样品本身，其结果如果符合要求，并不能说明企业生产的同类产品都合格，所以叫定型试验。定型试验完成后，检测机构出具定型试验报告，并提交给相关机构评定。

(3) 工厂质量保证能力检查

工厂质量保证能力的检查分为以下几个环节。

1) 认证机构向生产企业发出工厂检查通知和检测任务。

2）企业检查合格后，检查组出具工厂检查报告，对于存在的问题，由生产企业进行整改，再由检查人员检验。

3）检查组将工厂检查报告递交相关机构进行评审。

（4）批准认证书和认证标志

认证机构对检查和检测结果做出评定，向评定合格的企业产品签发认证书，准许申请人购买认证标志，并允许在产品上贴认证标志。

（5）认证后的监督

认证机构对于已经获得认证的企业，每年监督检查的次数不少于一次（某些企业每半年监督检查一次）。认证机构对检查组递交的监督检测报告和检测机构递交的抽样检测报告进行评定，评定合格的企业可继续保持认证，评定不合格的企业将被取消认证。

任务评价

本任务评价由三个部分组成，即学生自评、小组评价和教师评价，并按照学生自评占 30%、小组评价占 30%、教师评价占 40%计入总分，最后将各评价结果及最终得分填入表 2-4 所示的任务评价表中。

表 2-4　电子产品的认证任务评价表

活动	考核要求	配分	学生自评	小组评价	教师评价	得分
产品认证概述	知道认证的定义、认证的意义和认证的依据	20 分				
世界各国产品认证	知道世界知名的产品认证品牌	40 分				
中国 3C 认证	知道中国 3C 认证的内涵和认证过程	30 分				
安全文明操作	学习中是否有违规操作	10 分				
总分		100 分				

知识拓展

我国有关产品认证委员会及其认证标志

我国已正式成立 8 个产品认证委员会，其中与电气、电子相关的有以下 3 个。

1. 中国方圆标志认证委员会

中国方圆标志认证委员会（CQM）成立于 1991 年 9 月 17 日，是当时的国家技术监督局根据《中华人民共和国产品质量认证管理条例》的有关规定直接设立的第三方国际认证机构。

CQM 按照国际惯例和我国有关认证法规开展产品质量认证工作，其目的是客观、公正地证明产品质量，提高产品信誉，保证消费者合法权益，促进国际贸易和发展国际质量认证合作。

CQM 的认证标志为方圆标志，产品认证标志有安全认证 S 和合格认证 Q 两种，如图 2-10（a）和图 2-10（b）所示。

2．中国电子元器件质量认证委员会

经国务院标准化行政主管部门批准，中国电子元器件质量认证委员会（ACCECC）于 1981 年 4 月正式成立，按照国际电工委员会电子元器件质量评定体系（IECQ）的章程和程序规则，成立了有关机构，制定了中国电子元器件质量认证章程和一系列有关文件，认证标志如图 2-10（c）所示。

3．中国电工产品认证委员会

中国电工产品认证委员会简称 CCEE，是国务院标准化行政主管部门（原国家技术监督局）授权的一个行业认证委员会，是代表中国参加国际电工委员会安全认证组织（IECEE）的唯一机构，其认证标志如图 2-10（d）所示。

在我国加入世界贸易组织（WTO）的进程中，根据实际贸易协定和国际同行规则，WTO 向我国提出了将电工产品安全认证（CCEE）和进出口安全质量许可制度（CCIB）两种认证制度统一的要求。为了履行承诺，2002 年 5 月 1 日起，我国开始实行新的强制性产品认证制度中国 3C 认证。新的认证制度将两种制度合并，实现了目录统一，标志统一，技术法规、标准和合格评定程序统一，收费统一的四个统一，促进了中国与世界贸易的发展。

（a）安全认证　　（b）合格认证　　（c）电子元器件认证　　（d）电工产品专用认证

图 2-10　我国有关产品认证标志

光荣榜：党的二十大代表

刘伯鸣：大国工匠"锻造工"

中国一重集团有限司锻造工，高级技师。万吨水压机一次次怒吼，百吨锻件被他的"绣花"功夫"折服"；尺寸精细到毫厘，让中国核电、石化重装设备站在世界之巅。

张新停：大国工匠琢蛋壳"小器"铸国之"大器"

中国兵器动能毁伤研究院试制分厂钳工，高级技师。兵工赤子，以技报国，打磨卫国重器。30 年千锤百炼，精度千分之一毫米，凭"毫厘之功"给弹药"立规矩"。那射向远方的弹药，正是他心之所向。

韩利萍：大国工匠托起航天梦想

山西航天清华装备有限责任公司加工中心数控铣工，高级技师。手中毫厘，心中万里。为火箭发射平台加工零部件，未有毫发之差；每个奔向太空的"长征"，都有她默默守候的身影。她的"长征"，一如往昔。

◼️ 自我测试与提高 ◼️

1. 填空题

（1）产品认证是对产品质量的_____、_____和_____的有效方法。产品认证又分为_____和_____。从事产品认证的机构要经过国家的认可，开展强制性认证还要有政府的授权。

（2）产品认证的主要依据有_____、_____和_____，以及_____。

（3）3C 认证是_____、_____、_____三合一的"CCC"权威认证，是_____和_____与国际接轨的一个先进标志，有着不可替代的重要性。

2. 简答题

（1）国外有哪些知名的产品认证品牌？

（2）中国强制认证的标志是什么？它有什么含义？

（3）简述 3C 认证的意义、作用、法规依据和工作流程。

项目 3

电子产品的制造工艺

电子产品在现实生活中无处不在，如手机、电视机、计算机及各种电子医疗器械等，给人们的生活和工作带来了巨大的便利。而这些电子产品是怎样通过一个个微小的元器件制造出来的呢？本项目就将对这些电子产品的制造过程进行介绍。

◎ 知识目标

1）了解电子产品结构微型化的相关知识。

2）了解电子产品的整机结构。

3）了解人-机系统的简单知识。

4）了解电子产品的生产流程。

5）认识生产的技术文件的种类、编填方法。

◎ 技能目标

1）掌握电子产品结构的构成及拆装。

2）能填写生产的技术文件。

3）能通过参观工厂了解电子产品的生产过程。

◎ 情感目标

1）培养学生严谨的科学态度，以及勤于思考、团结协作、吃苦耐劳等品质。

2）通过实际动手操作激发学生浓厚的学习兴趣。

任务1 电子产品的整机结构知识

▌生活中来▐

电子产品的整机结构经过多年的发展,已经涉及了人机工程学、技术美学、机械学、力学、传热学、材料学、表面装饰等多个领域。例如,生活中的电视机、计算机、机器人、空调器等,都是由许多部件组装而成的产品。

任务描述

本任务主要让学生了解电子产品结构的微型化的相关知识,了解电子产品的整机结构,了解人-机系统的简单知识。其中电子产品的整机结构作为重点学习知识内容。电子产品的整机结构知识任务单如表3-1所示,请根据实际完成情况填写。

表3-1 电子产品的整机结构知识任务单

序号	活动名称	计划完成时间	实际完成时间	备注
1	电子产品结构的微型化			
2	电子产品的整机结构			
3	人-机系统简介			

任务实施

【活动1】电子产品结构的微型化

电子技术是20世纪初开始发展起来的一种新兴技术,它的发展非常迅速,是近代科学技术的一个重要标志,现在电子产品已被人们广泛应用于生活中。为了迎合人们的需求,电子产品变得越来越微型化,电子产品的结构也相应变得越来越简化。

1. 电子产品结构的变化

电子产品结构组装的变化经历了四个阶段。各个阶段电子产品的特征如表3-2所示。

【背景介绍】

1904年,世界上第一只电子管在英国物理学家弗莱明的手中诞生,以电子管为核心的电子产品进入人们的视野,标志着世界从此进入了电子时代。随着20世纪40年代末第一只晶体管和50年代末第一个集成电路的诞生,电子技术得到飞速发展,电子产品也日新月异,而作为电子产品的整机结构知识,更是成为电子专业必须学习的基础知识。

表 3-2　电子产品结构组装变化的四个阶段特征

电子产品	说明	实物图
第一代电子产品	采用电真空器件组件结构,其结构设计采用组件功能法,每个组件都有确定的功能,但它的统一程度低、组装密度低,不能实现自动化装配	
第二代电子产品	采用 PCB 组件结构,PCB 组件是由晶体管等分立元件组装而成的,可以通过减小分立元件的间距来提高组装的密度,但分立元件电路组装复杂且可靠性差,离人们对微型化的要求较远	
第三代电子产品	采用中、小规模集成电路组件结构。因此,设备具有体积小、质量轻、组装密度高、可靠性好和成本低的特点。但是,由于产品采用了封装集成电路,因此要考虑部件的散热问题,在维修时往往需要更换整个组件	
第四代电子产品	采用大规模集成电路组件结构,产品设备规范、轻便、可靠性好。随着集成电路的产生,电子产品的结构实现了真正意义上的微型化	

2. 电子产品微型化的结构特点

随着集成电路的完善,以及新型结构工艺方案的拟制,电子产品越来越微型化,其结构特点有以下几点。

1)电阻器、电容器、导线大都是在介质衬底表面上制成薄膜结构形式;二极管、晶体管在半导体衬底的表面层上制成扩散结构形式。

2)把很多组件集成到一块衬底上,得到结构上完整的功能部件,但仍存在难以满足电磁兼容性和热兼容性要求的特点。

3)小型分立组件、接头、滤波组件、匹配组件、指示元件、转接元件的使用率越来越高。

4)采用特殊方法对热作用和机械作用及潮湿作用进行防护。

5)指示元件和控制元件的尺寸决定了产品的尺寸。

6)材料用量相对较少。

7)批量生产的成本相对较低。

3. 典型的微型化结构

随着电子技术的发展，电子产品结构微型化的发展速度也越来越快。20 世纪 40 年代末，第一只晶体管出现后，PCB 就取代了庞大的电子管组件。50 年代末，第一个集成电路的产生，也让电子产品的结构实现了真正意义上的微型化。由于电子产品的微型化，从 1946 年第一台相当于篮球场大小的电子管计算机发展到如今只有一个本子大小的便携式计算机，只用了短短 64 年的时间。

现对几种典型的微型化结构进行介绍。

（1）PCB 组件

PCB 组件如图 3-1 所示。由于晶体管器件比电子管器件的体积小了很多，同时晶体管的工作电压的降低也会使发热降低，这就大大缩小了产品体积，提高了紧凑性，其优点是可维护性高、容易散热、体积较小、质量较轻。但分立元件电路组装复杂、自动化程度低、体积和质量离人们的微型化要求还较远。

图 3-1　PCB 组件

（2）SMA 组件

SMA 组件如图 3-2 所示。由于表面安装元器件体积小、质量轻、无引线或引线很短，SMC、SMD 相对通孔 PCB 组件而言又进一步缩小了产品的安装空间，大大提高了印制电路板的安装密度。

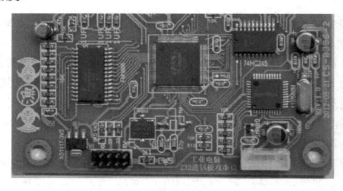

图 3-2　SMA 组件

（3）集成电路

集成电路是把许多晶体管、电阻、电容、电感等元件做在一块硅片上，即把一个电路的许多元件集成在一体，使电子产品结构实现了真正意义上的微型化，如图3-3所示。集成电路的优点是组装密度高、可靠性高、标准化、互换性强、便于自动化组装、体积小、质量轻、节省材料、利于降低成本。

图 3-3　集成电路

（4）裸芯片组件

裸芯片由半导体元器件制造而成，而封装之前的产品形式，通常是以大圆片形式或单颗芯片的形式存在，如图3-4所示。封装后成为半导体元件、集成电路，或者更复杂电路（混合电路）的组成部分。

图 3-4　裸芯片

4. 微型化结构产品的组装特点

微型化结构是电子产品发展的必然要求，微型化结构产品的组装要注意以下几点。

（1）要满足人体工程的要求

在微型化结构中由于分立元件的小型化，我们可用数字显示器代替指针式仪表、电子元件代替电力元件、自动相控天线阵代替电力传动的天线，以及模拟物可以用集成的方法制成，这些都能减小电子产品的尺寸。这时，显示和控制装置都可实现微型化，但与此同时，产品的微型化还要考虑到外观大方，手感好，操作灵活、方便且有效。

（2）需提高组装密度

在对电子设备进行结构设计的过程中，要对结构进行分隔，因此，必须放置密封元件、连接元件和支架。对于分隔程度较高的电子产品，我们可以采用提高集成度、减少元件数目或尺寸、导线小型化等方法来提高组装密度。提高组装密度的同时还要注意，要便于后期零部件和元器件的维护。

（3）安装物体要与产品结构协调一致

安装物体要与产品结构协调一致是产品的必然要求，尤其是在航空、航天电子设备上，其安装的体积、形状都是要受到限制的。而新型元器件能将微电子产品安装到较小的空间范围内，可以在各种形状上实行安装。

【活动2】电子产品的整机结构

电子产品的整机结构主要包括电路构件、机壳（机箱、机柜）、底座、面板等。电路构件在本项目活动1中已进行了详细介绍，现主要认识电子产品的机壳（机箱、机柜）、底座、面板的构成特点。

1. 机壳

机壳通常指各种电子产品的外壳。外壳根据结构及外形尺寸通常又分为机壳、机箱和机柜。机壳是安装和保护电子产品内部各种元器件、电路单元及机械零部件的重要结构，对于消除各种复杂环境对电子产品的干扰，保证电子产品安全、稳定、可靠地工作，提高电子产品的使用效率、寿命，以及方便电子产品安装、维修等起着非常重要的作用。根据加工方式和取材，可分为塑料机壳、压铸金属机壳、铸造机壳、板料冲制机壳等。

（1）塑料机壳

塑料机壳是利用工程塑料通过注塑或压塑成型而制成的机壳。塑料机壳的优点是尺寸稳定、表面光泽好、比强度和比刚度高、质量轻、易加工成型、生产效率高、耐腐蚀、成本低。塑料机壳多用于家用电器，如图3-5所示。为了防止电磁干扰，可在塑料机壳内喷涂或填充一层金属作为屏蔽层。

图3-5　手机塑料壳

（2）压铸金属机壳

若将型板结构机壳的型板及连接部分用铝压铸工艺方法加工，即为压铸金属机壳，如图3-6所示。这种机壳采用压铸工艺，尺寸精确度高，强度与刚度均好，且装配方便，生产效率高，适用于大批量生产。但压铸金属模具制造成本高，还需专门的压铸机，因此，生产成本较高。

图 3-6 压铸金属机壳

（3）铸造机壳

在密封结构中，常使用铸造机壳，如图 3-7 所示。在机壳与盖或其他零件相结合的表面处需要进行机械加工，以达到密封效果。

（4）板料冲制机壳

板料冲制机壳一般是用钢板或铝板冲制或冲制折弯焊接而成的，如图 3-8 所示。这种机壳尺寸精确度较高，强度与刚度较好，装配方便，适用于批量生产。

图 3-7 铸造机壳   图 3-8 板料冲制机壳

2. 机箱

机箱一般包括箱体外壳，支架，面板上的各种开关、指示灯等，如图 3-9 所示。外壳用钢板和塑料结合制成，硬度高，主要起保护机箱内部元件的作用。支架主要用于固定主板、电源和各种驱动器。根据材料可分为塑料机箱、合金机箱、复合材料机箱等。

（a）塑料机箱   （b）合金机箱   （c）复合材料机箱

图 3-9 各类机箱

3. 机柜

机柜由机架、插件箱和导轨等组成。机柜可以提供对所存放设备的保护,屏蔽电磁干扰,有序、整齐地排列设备,方便以后维护设备。机柜一般分为服务器机柜、网络机柜、控制台机柜等。其外形分为立柜式和琴柜式,如图 3-10 所示。

(a) 立柜式   (b) 琴柜式

图 3-10 机柜

(1) 机架

机架就是机柜框架,是机柜的承载构件,如图 3-11 所示。所有插箱、门、面板等都通过导轨、支架固定在机架上面,因此,其刚度和强度对整台电子产品工作的安全性和可靠性影响极大。

图 3-11 机架

(2) 插件箱

在机架上组合安装分机(或单元)的安装结构称为插件箱。插件箱通常由面板、底板、手把、导向定位及接插件等装置组合而成,如图 3-12 和图 3-13 所示。根据使用条件、制造方法、内部元器件的安装要求等大致可分为薄板折弯插件箱，型材弯制插件箱，薄板、型材组合插件箱和铸造插件箱。

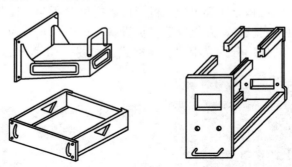

图 3-12　薄板冲压结构插件箱

图 3-13　插件箱

（3）导轨

导轨是由金属或其他材料制成的槽或脊，是可承受、固定、引导、移动装置或设备并减少其摩擦的一种装置，如图 3-14 所示。导轨又称滑轨、线性导轨、线性滑轨，用于直线往复运动场合，拥有比直线轴承更高的额定负载，同时可以承担一定的扭矩，可在高负载的情况下实现高精度的直线运动。

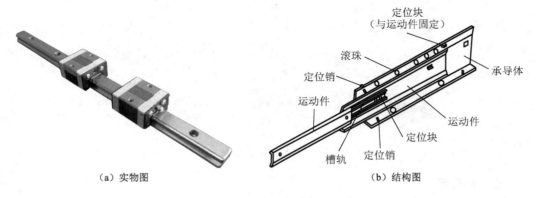

（a）实物图　　　　　　　　　　（b）结构图

图 3-14　导轨

为了便于维修，插件箱与机柜一般通过导轨连接，即插件箱通过其两侧的圆轴销挂在导轨的支撑座上，且插销能在导轨上翻转。

4. 底座

底座在电子设备中是安装、固定和支撑各种电气元器件、机械零部件的基础结构。底座的结构形式有很多，目前在电子产品中，普遍采用板料冲压折弯底座（冲压底座）、铸造底座和塑料底座。

（1）冲压底座

图 3-15 所示为冲压底座。这种底座质量轻、强度好、成本低、加工方便且便于批量生产，故应用广泛。

（2）铸造底座

当在底座上安装质量较大、数量较多的零件时，要求底座有足够的强度和刚度，保证底座在受到震动、冲击的情况下不发生变形，零部件不发生相对位移。在这种情况下，用铸造底座比较合适。铸造底座如图 3-16 所示。

图 3-15 冲压底座

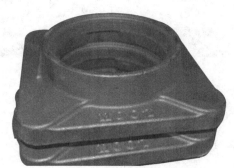

图 3-16 铸造底座

（3）塑料底座

塑料底座质量轻，绝缘性能好，有良好的机械强度，可承受一定的负荷，常用在中小型电子产品中，如图 3-17 所示。

图 3-17 塑料底座

5. 面板

面板是电子设备控制和显示装置的安装板，是整个电子产品外观装饰的重要部件。通常分为前面板和后面板。

（1）前面板

前面板主要安装操作和指示器件，如电源开关、选择开关、调节旋钮、指示灯、电能表、数码管、示波器、显示屏、输入/输出插座、接线柱等，如图3-18所示。

（2）后面板

后面板主要安装和外部连接的器件，如电源插座、与其他设备连接的输入/输出装置、熔丝盒、接线端子等，还可以开有通风散热的窗孔，如图3-19所示。

图3-18　前面板

图3-19　后面板

【活动3】人-机系统简介

1. 人-机系统

人-机系统，就是人和一些机器、装置、工具、用具等为完成某项工作或生产任务所组成的系统。在人-机系统中，包括人、机器和环境三个组成部分，而每个组成部分可称为一个分系统或子系统。例如，司机开动汽车，人使用计算机、看电视、听音乐等，就是一些较复杂的人-机系统。

人-机系统的工作过程是指当机器送出的信息通过显示装置刺激人的感觉器官（眼、耳等），人的感觉器官向大脑输送信息，大脑的中枢神经系统对信息比较识别、理解权衡后，做出判断和决定并通过肢体（手、足等）操纵控制装置向机器发出新的指令，机器则根据新指令进行调整，同时通过显示装置将动态变化显示出来，如此循环往复，就完成了人对机器的操控，使机器按照人的意图进行工作。

　知识窗

人机工程学

人机工程学起源于欧洲，形成和发展于美国。人机工程学在欧洲称为 Ergonomics，这个名称最早由波兰学者雅斯特莱鲍夫斯基提出来，它是由两个希腊词根组成的。ergo 的意思是"出力、工作"，nomics 表示"规律、法则"，因此，Ergonomics 的含义也就是

"人出力的规律"或"人工作的规律"。也就是说，这门学科是研究人在生产或操作过程中合理、适度地劳动和用力的规律问题。人机工程学在美国称为 Human Engineering（人类工程学）或 Human Factor Engineering（人类因素工程学）。日本称为"人间工学"，或采用欧洲的名称，音译为 Ergonomics。在我国，所用名称也各不相同，有"人类工程学""人体工程学""工效学""机器设备利用学""人机工程学"等。为便于学科发展，统一名称很有必要，现在大部分人称其为"人机工程学"，简称"人机学"。"人机工程学"的确切定义是，把人-机-环境系统作为研究的基本对象，运用生理学、心理学和其他有关学科知识，根据人和机器的条件和特点，合理分配人和机器承担的操作职能，并使之相互适应，从而为人创造出舒适和安全的工作环境，使工效达到最优的一门综合性学科。

2. 控制与显示

（1）控制器

操作者将自己的意图通过手的运动传给设备的装置叫作控制器。控制器的种类及实物图如表 3-3 所示。

表 3-3　控制器的种类及实物图

种类	实物图
旋钮	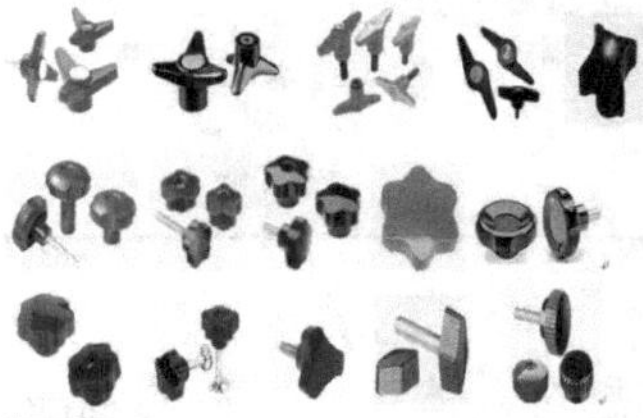 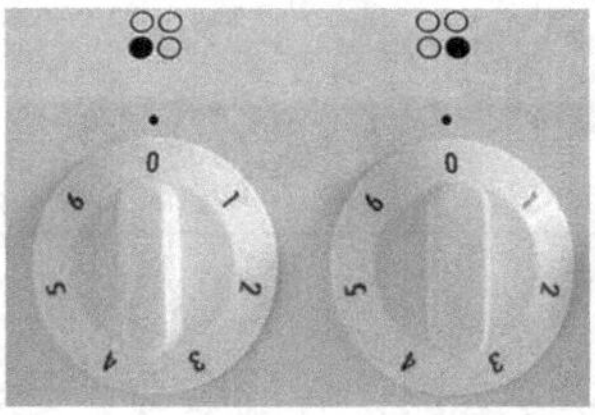 
按键	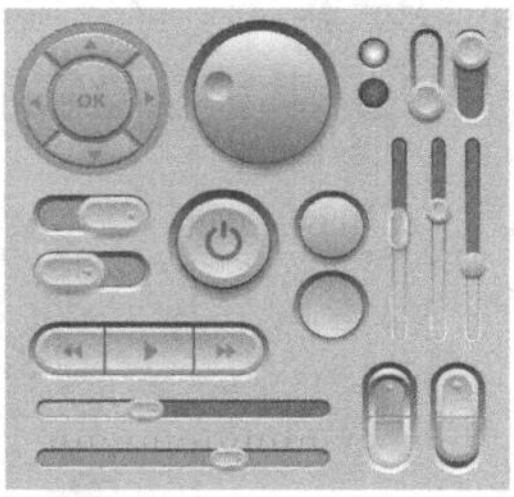  

续表

种类	实物图
手轮、摇把及操纵杆	

（2）显示器

显示器是产品将信息传给操作者的装置，是信息对人体某一感官的刺激。根据控制对象的工作条件和要求，可以有不同类型的显示器，一般分为视觉显示器（图 3-20）、听觉显示器（图 3-21）和触觉显示器（图 3-22），其中，最常用的是视觉显示器。

图 3-20　视觉显示器

图 3-21　听觉显示器

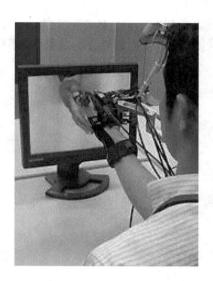

图 3-22 触觉显示器

任务评价

本任务评价由三个部分组成，即学生自评、小组评价和教师评价，并按照学生自评占 30%、小组评价占 30%、教师评价占 40%计入总分，最后将各评价结果及最终得分填入表 3-4 所示的任务评价表中。

表 3-4 电子产品的整机结构知识任务评价表

活动	考核要求	配分	学生自评	小组评价	教师评价	得分
电子产品结构的微型化	知道电子产品结构变化的特征、微型化的特点，以及微型化的典型结构	30分				
电子产品的整机结构	知道电子产品机壳（机箱、机柜）、底座、面板的构成特点及主要作用	30分				
人-机系统简介	了解人-机系统的构成及各部件的作用	30分				
安全文明操作	学习中是否有违规操作	10分				
总分		100分				

知识拓展

1. 手机的结构

手机即移动电话，或称为无线电话，是可以在较广范围内使用的便携式电话终端，由美国贝尔实验室 1940 年制造的战地移动电话机发展而来。现在的手机分为智能手机和非智能手机，目前广泛使用的智能手机，具有独立的操作系统，功能强大且实用性高，大多数是大屏机，而且是触摸电容屏，也有部分是电阻屏。手机整机结构分解图如图3-23所示。

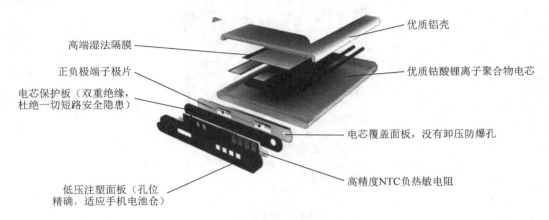

高端湿法隔膜

正负极端子极片

电芯保护板（双重绝缘，杜绝一切短路安全隐患）

低压注塑面板（孔位精确，适应手机电池仓）

优质铝壳

优质钴酸锂离子聚合物电芯

电芯覆盖面板，没有卸压防爆孔

高精度NTC负热敏电阻

图 3-23   手机整机结构分解图

手机主要分为外部结构和内部结构。

（1）外部结构

手机的外部结构包括显示部分（显示屏）、输入部分（键盘、触屏）、放音部分（振铃、听筒）、收音部分（送话器）、供电部分（电池）、摄像头、附件部分（充电器、数据线、耳机等）。

（2）内部结构

手机的内部结构包括主板（焊接各零部件的 PCB）、CPU（运算数据的中心）、字库（储存手机软件的载体）、电源（用于分配电池能量，供电给各部件）、射频（用于信号的收发、解码）及其他如摄像模块、蓝牙模块、GPS 模块等运作附属功能的一些零部件。

2. 平板电脑的结构

平板电脑又称便携式计算机，是一款没有键盘、无须翻盖、小型且方便携带的个人计算机。它以触摸屏作为基本的输入设备，它的触摸屏可以通过触控笔、数字笔和手指触控来进行操作，而不是靠传统的鼠标或键盘。用户还可以通过屏幕上的软键盘、语音识别、手写识别或者一个实体的键盘（该机支持的情况下）实现输入。

平板电脑通过颜色设计、材质运用、表面处理、造型设计等方式，更为突出人和自然的亲和力，缩小了产品和人的心理距离，以至于它完全融入我们的生活中。它分为ARM 架构（代表产品为 iPad 和安卓平板电脑）与 X86 架构（代表产品为 Surface Pro）。其整机结构分解图如图 3-24 所示。

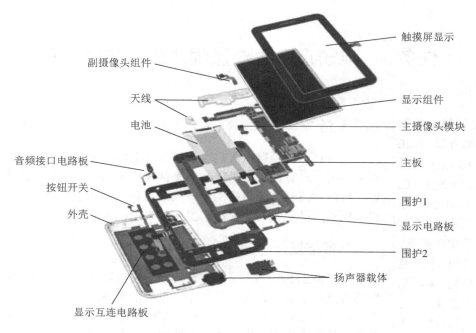

副摄像头组件

天线

电池

音频接口电路板

按钮开关

外壳

显示互连电路板

触摸屏显示

显示组件

主摄像头模块

主板

围护1

显示电路板

围护2

扬声器载体

图 3-24　平板电脑整机结构分解图

自我测试与提高

1. 填空题

（1）电子产品的整机结构主要包括_____、_____、_____等。

（2）机壳根据加工方式和取材可分为_____、_____、_____、_____等。

（3）机柜由_____、_____和_____等组成。

（4）前面板主要安装_____和_____器件，后面板主要安装_____器件。

（5）常用的控制器有_____、_____、_____、_____及_____等。

（6）显示器一般分为_____、_____、_____等。

2. 简答题

（1）电子产品微型化具有哪些结构特点？

（2）人-机系统的工作过程是怎样的？

（3）手机的基本结构有哪些？

（4）平板电脑的基本结构有哪些？

任务 2　电子产品生产流程及生产技术文件

【背景介绍】
电子工业在20世纪90年代得到了迅速发展，已逐步形成了以经济信息化为核心的电子信息产业，以微电子为基础的计算机、集成电路、半导体芯片、光纤通信、移动通信、卫星通信等产品为发展主体的产品生产格局。

生活中来

电子产品已经融入人们生活的方方面面，无论是我们平常用的智能手机、计算机，还是供我们平常娱乐看的电视、玩的游戏机，以及我们学习和实验所需的一些高级设备，都属于电子产品。可以说，电子产品给我们的生活和工作带来了巨大的便利。

任务描述

本任务主要让学生了解电子产品生产流程的相关知识、工作岗位的特点，了解工艺文件的作用、种类，会编制和填写基本的生产文件，其中，电子产品生产文件的编制和填写作为重点学习内容。电子产品生产流程及生产技术文件知识任务单如表 3-5 所示，请根据实际完成情况填写。

表3-5　电子产品生产流程及生产技术文件知识任务单

序号	活动名称	计划完成时间	实际完成时间	备注
1	电子产品的生产流程			
2	电子产品的生产工艺文件			
3	电子产品生产工艺文件的编制			

任务实施

【活动1】电子产品的生产流程

图 3-25 所示是我们生活、工作、学习中常见的电子产品。这些电子产品都是在企业的生产车间中通过很多流程生产出来的，不同的产品有不同的组装特点。

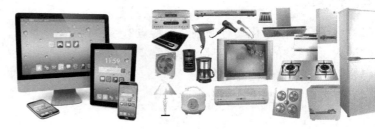

图 3-25　电子产品

1. 电子产品的形成

一种电子产品的形成一般要经历以下几个环节：产品研发、试制、试产、测试、验证和大批量生产，最后进入市场销售到达用户手中。

1）产品研发环节：产品研发项目组分析新产品的技术特点和工艺要求，确定新产品研制和生产所需的设备、手段、方法，提出和确定新产品生产的工艺方案。

2）产品试制、试产环节：生产工艺工程师与产品研发项目组对新产品样机的工艺性进行评审，对产品的元器件选用，电路设计、产品结构的合理性，产品批量生产的可行性、功能的可靠性和生产手段的适用性提出评审意见和修改要求，并在产品定型时，确定批量生产的工艺方案。

3）产品大批在批量投产前的测试、验证环节：工艺技术人员要做好各项工艺技术的准备工作，根据产品设计文件编制好生产工艺流程、岗位操作的作业指导书，设计和制作必要的检测工装，编制调试 ICT、SMT 的程序，对元器件、原材料进行确认，培训操作员工。生产过程中要注意搜集各种信息，分析原因，控制和改进产品质量，提高生产效率等。

4）产品大批量生产环节：通过产品研发、试制、试产、测试、验证形成了一个完整的电子产品，经过企业的生产流程完成产品的大批量生产，进入销售市场。

2. 电子产品生产场地的布局

（1）电子产品生产场地布局的必要性

电子产品的生产企业既是技术密集型，同时又是劳动密集型的行业。生产电子产品采用在生产线上流水作业的组织形式，生产线的设计、订购、制造水平直接影响产品的质量及企业的经济效益。图 3-26 所示为生产企业电子产品生产线。

图 3-26　电子产品生产线

（2）设计电子产品生产场地布局应考虑的因素

电子产品生产场地布局设计是一个系统工程，是由许多因素相互作用、相互制约和相互依赖的有机整体。生产场地布局所考虑的既有硬件，也有软件，如表 3-6 所示。

电子产品生产场地布局的设计，必须由工艺技术部门、生产部门、物流管理部门、品质检验部门和市场部门共同研究、反复论证，提出最优化的方案，报企业决策。在设计场地工艺布局时应考虑的主要因素有以下几点。

表 3-6　电子产品生产场地的硬件和软件

电子产品生产场地的硬件	插件线、SMT 线、调试线、总装线等生产线系统，水、电、气等动力系统，计算机网络系统，通信系统等
电子产品生产场地的软件	生产管理的顺畅、物流的顺畅，对环境的影响等

1）生产企业的产品机构、设备投资、规模大小。产品机构决定生产线的种类和数量，设备资金投资的大小、生产技术的先进程度决定了工艺流程和工序的优劣；生产规模决定生产线的数量、设备的多少和场地大小。

2）电子产品生产工艺流程的优化和生产企业的水、电、气、信等系统的配备，要尽量简化生产工艺流程，尽量缩短相关生产系统的线路，节省投资。

3）生产企业尽量保证物流的管理和顺畅，从生产物料进厂、检验、仓存、生产线的流向、工序之间的周转以及成品的存储和发货，要努力做到简短、不重复。

4）要尽量考虑生产环境的整洁、有序，以及噪声和污染的防治。

3．电子产品生产工艺流程

电子产品整机由各种部件构成。电子产品的生产过程是先将零件、元器件组装成部件，再将部件组装成整机。其核心工作是将元器件组装成具有一定功能的 PCB 部件或组件（PCBA）。其具体的生产流程如图 3-27 所示。

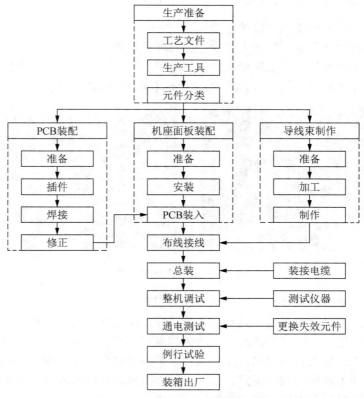

图 3-27　电子产品生产工艺流程图

各个生产环节的工作内容如下。

（1）生产准备工作过程

1）经采购进厂的元器件在检验后进入元器件仓管理。

2）编制、填写电子产品的生产工艺文件。

3）准备电子产品生产所需的生产工具。

4）按照生产计划、工艺文件将元器件发给整形部门，对元器件、PCB进行整形，做好上线准备。

（2）PCB的装配工作过程

在PCB装配中，可以划分为机器自动装配和人工装配两类。机器自动装配主要指自动装配（贴片）、自动插件装配和自动焊接，人工装配指手工插件、手工补焊、修理和检验等。主要工作过程如下。

1）贴片工作岗位将整形后的PCB、贴片元件进行贴片和回流焊（机器自动装配）。贴片和回流焊设备如图3-28所示。

图3-28 贴片和回流焊设备

2）自动插件岗位将贴好元件的PCB及所需的元器件进行机器插件。机器插件设备如图3-29所示。

图3-29 机器插件设备

3）手动插件岗位为机器插件岗位送来的 PCB 安装一些体积较大不能机插的元器件。手动插件的工作设备如图 3-30 所示。

图 3-30　手动插件的工作设备

4）经过自动贴片和自动插件的 PCB，在手工插件线上插好剩下的元器件后送入波峰焊机焊接，然后经补焊、修理、测试检验合格后送到装配车间装配。

（3）导线束制作的工作过程

任何电子产品的正常工作都离不开电线，电线是连接电路的网络主体，没有电线，也就不存在电路，因此，电线在电子产品中具有举足轻重的作用。导线束制作的主要工作过程如下。

1）根据电子产品工艺文件的组装要求，完成对导线的线径大小、长度、接口的选择和加工。

2）将加工好的导线根据电子产品的组装要求制作成导线束，送达整机的布线接线岗位。导线束实物如图 3-31 所示。

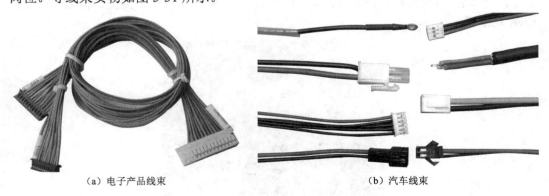

（a）电子产品线束　　　　　　　　　　　　　　（b）汽车线束

图 3-31　导线束

（4）底座和面板装配的工作过程

底座和面板主要对电子产品起支撑作用，主要工作过程如下。

1）按照电子产品设计的要求采购、制作电子产品的底座和面板。

2）组装电子产品的底座和面板，形成一个较完整的机箱，并将 PCB 装配工作岗位组装好的 PCB 安装在机箱上。

3）根据设计要求对导线束制作岗位送来的线束进行电路连接。

（5）电子产品的总装

电子产品的整机总装一般由多道工序来完成，这些工序的设计是否合理，直接影响电子产品生产过程中的装配质量、生产效率和操作者的劳动强度。电子产品的质量好坏，与装配工艺设计有着密切的关系。电子产品的整机装配就是根据工艺设计文件，按照设计的工序安排和工艺要求，把各种元器件和零部件安装、紧固在 PCB、机壳、面板等指定的位置上，装配成完整的整机。生产企业的总装车间如图 3-32 所示。

图 3-32　生产企业的总装车间

（6）电子产品的调试

电子产品的生产是将组成电子产品的各个部件（电子元器件、PCB、机壳、底座等）按照生产工艺文件连接起来，构成具有一种或多种功能的电子产品。几乎所有的电子产品都需要调试。调试包括测试和调整两部分。电子产品的测试工位如图 3-33 所示，调整工位如图 3-34 所示。

图 3-33　电子产品的测试工位

图 3-34　电子产品的调整工位

1）测试。测试主要是对产品的各项技术指标和功能进行测量和试验，一般有三个步骤：初测（装配）、老化（将装配好的产品送到老化室进行高温、高电压、大负荷、长时间通电老化）、复测。将测试结果与设计性能指标进行比较，以确定产品是否合格。

2）调整。调整主要是对产品的参数进行调整。一般是对产品电路中可调元器件（如电位器、可调电容、可调电感等）和相关联机械部件进行调整，使电路达到预定的功能、性能要求。

在实际电子产品的生产流程中，测试和调整是工作流程的两个方面，要经过测试→调整→再测试→再调整……的过程，直到实现电路设计指标。

（7）电子产品的检测

电子产品的检测是电子产品生产流程的最后一道工序，主要是对电子产品生产过程的控制、质量监测、电子产品合格判定等。检测岗位的操作是通过观察和判断，适当结合测量、试测对电子产品进行的合格性评价。电子产品整机的检测过程分为全检和抽检。

1）全检：对所有产品进行逐个检验。根据检测结果，对被检的单件产品做出合格与否的判定。全检的主要优点是能够最大限度地减少产品的不合格率。

2）抽检：从交验批中抽出部分样品进行检验，根据检验结果，判定整批产品的质量水平，从而得出该产品是否合格的结论。电子产品的检测如图3-35所示。

图3-35　电子产品的检测

（8）电子产品的包装入库

将装配好的电子产品送到老化室进行老化测试，最后经检验合格后包装进入成品仓库，从而完成电子产品的整个生产过程。电子产品的包装车间如图3-36所示。

4. 电子产品生产流程的实习

组织学生到电子产品企业完整地体验一次电子产品的生产流程，了解各个生产关键及岗位的特征和作用，为后面的教学实习及顶岗实习打下基础。

图 3-36   电子产品的包装车间

【活动 2】电子产品的生产工艺文件

1. 电子产品生产工艺文件的含义

（1）电子产品生产工艺文件

电子产品生产工艺文件是指将组织完成生产工艺过程的程序、方法、手段及标准用文字及图表的形式表示出来，用来在生产过程中指导产品制造的生产活动，使电子产品生产规范有序。生产企业是否具备科学、合理、齐全的生产工艺文件，是企业能否安全、优质、高产、低耗地制造产品的必备条件。

（2）电子产品生产工艺文件的范畴

生产企业工艺部门编制的工艺计划、工艺标准、工艺方案、质量监控规程也属于工艺文件的范畴。

（3）电子产品生产工艺文件的纪律性

电子产品生产工艺文件是带强制性的纪律性文件。该工艺文件不允许用口头的形式表达，必须采用规范的书面形式，而且任何人不得随意修改。违反工艺文件属违纪行为。

2. 电子产品生产工艺文件的种类和内容

（1）电子产品生产工艺文件的种类

根据电子整机产品的特点，工艺文件通常可分为工艺管理文件和工艺规程文件两大类。

1）电子产品生产工艺管理文件。工艺管理文件是企业组织生产、进行生产技术准备工作的文件，它规定了产品的生产条件、工艺路线、工艺流程、工具设备、调试及检验仪器、工艺装置、材料消耗定额和工时消耗定额。

2）电子产品生产工艺规程文件。电子产品生产工艺规程文件是规定产品制造过程和操作方法的技术文件，它主要包括零件加工工艺、元件装配工艺、导线加工工艺、调试及检验工艺和各工艺的工时定额。

（2）电子产品生产工艺文件的内容

电子产品生产企业整机生产过程中主要有以下工序：准备工序、流水线工序和调试检验工序。电子产品生产工艺文件应按照上述工序编制工艺文件的内容，而编制的工艺文件应在保证产品质量和有利于稳定生产的条件下，以最经济、最合理的工艺手段进行加工为原则。电子产品生产工艺文件的内容如表 3-7 所示。

表 3-7　电子产品生产工艺文件的内容

准备工序工艺文件的编制内容	流水线工序工艺文件的编制内容	调试检验工序工艺文件的编制内容
1）元器件的筛选； 2）元器件引脚的成形和搪锡； 3）线圈和变压器的绕制； 4）导线的加工、线把的捆扎、地线的成形、电缆的制作； 5）剪切套管、打印标记等	1）确定流水线上需要的工序数目，兼顾各工序的平衡（其劳动量和工时应大致接近）。例如，电子产品 PCB 的组装焊接，可以按照电路的功能分片分工制作； 2）确定每个工序的工时（一般小型机每个工序的工时不超过 5min，大型机不超过 30min），再进一步计算日产量和生产周期； 3）工序顺序应合理（要考虑操作的省时、省力、方便），尽量避免让工件来回翻动和重复往返； 4）安装和焊接工序要尽量分开。每个工序使用的工具要少而精，使生产操作简化，最大限度保证产品的质量和产量	1）标明测试仪器、仪表的种类、等级标准及连接方法； 2）标明各项技术指标的规定值及其测试条件和方法； 3）明确规定该工序的检验项目和检验方法

（3）电子产品生产工艺文件的格式及格式要求

1）电子产品生产工艺文件的格式。电子整机产品工艺文件的格式主要按照电子行业标准 SJ/T 1324—1992 执行。由于各生产企业的实际情况不同，生产规模的大小不一样，应根据具体电子整机产品的复杂程度及生产的实际情况编写电子产品生产工艺文件。

2）工艺文件的格式要求。

① 工艺文件要有一定的格式和幅面，并保证工艺文件的成套性。

② 文件中的字体要正规，图形要正确，书写应清楚。

③ 所用产品的名称、编号、图号、符号、材料和元器件代号等应与设计文件保持一致。

④ 安装图在工艺文件中可以按照工序全部绘制，也可以只按照各工序安装件的顺序，参照设计文件按需要绘制。

⑤ 线束图尽量标明线束的形状、线号、始点、终点、线长等参数。

⑥ 在装配接线图中连接线的接点要明确，接线部位要清楚，各种导线的标记由工艺文件决定。

⑦ 工序安装图层次表示清楚即可，不必全按实样绘制。

⑧ 焊接工序应画出接线图，各元器件的焊接点方向和位置应画出示意图。

⑨ 编制成的工艺文件要执行审核、批准等手续。

⑩ 当设备更新和进行技术革新时，应及时修订工艺文件。

【活动3】电子产品生产工艺文件的编制

1. 工艺文件封面的编制

工艺文件封面的编制内容主要包括产品型号、产品名称、产品图号、本册内容，以及工艺文件的总册数、本册工艺文件的总页数、在全套工艺文件中的序号和批准日期等。图 3-37 所示为工艺文件的封面格式。

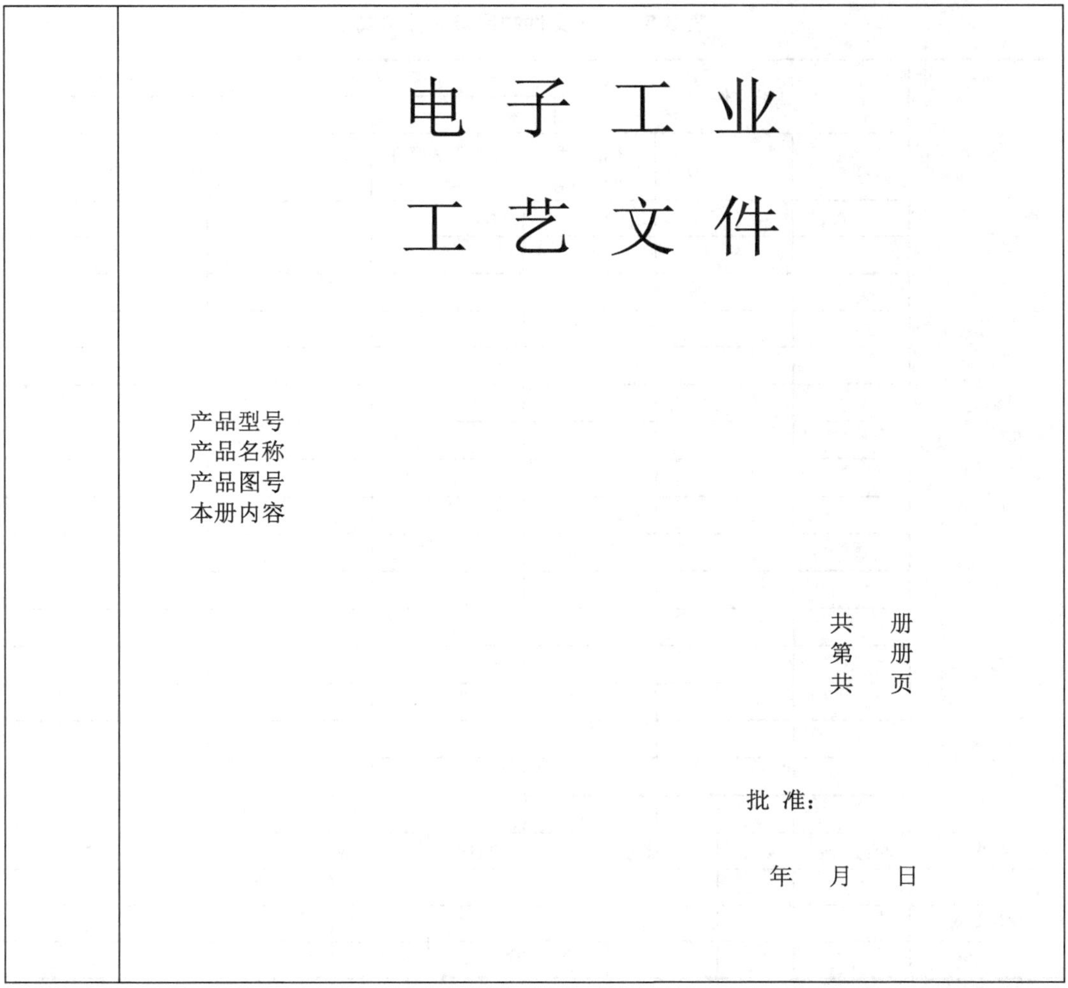

电 子 工 业

工 艺 文 件

产品型号
产品名称
产品图号
本册内容

共　　册
第　　册
共　　页

批　准：

年　月　日

图 3-37　工艺文件的封面格式

2. 工艺文件目录的编制

工艺文件的目录文件在编制成册时，应放在工艺文件的封面之后，主要体现电子产品生产工艺文件的成套性。其内容包括产品名称/型号、产品图号、零部件和整件图号、零部件和整件名称、文件代号、页码等内容。在编制填写时，产品名称/型号和产品图号应与封面保持一致；"文件代号"栏填写文件的简号，不必填写文件的名称；"更改标记"栏内填写更改事项；"拟制"和"审核"栏内由有关职能人员签署姓名和日期；其余各栏按标题填写，填写零部件和整件的图号、名称及其页码。表3-8所示是工艺文件的目录文件格式。（**注意：小型整机产品一般不需要编制工艺文件明细表。**）

表3-8　工艺文件的目录文件格式

工艺文件目录			产品名称/型号		产品图号
序号	文件代号	零部件和整件图号	零部件和整件名称	页码	备注

旧底图总号	更改标记	数量	更改单号	签名	日期	签名		日期	第　页
						拟制			共　页
底图总号						审核			第　册
						标准化			共　册

3. 装配工具、仪器明细的编制

装配工具、仪器明细表列出了生产某一电子产品所必备的专用工具、设备、仪器仪表等，如贴片机、插件机、焊接机、示波器、激光距离测量仪、水平仪等。其工艺文件格式如表 3-9 所示。

表 3-9 装配工具、仪器明细表文件格式

装配工具、仪器明细表			产品名称/型号		产品图号	
序号	名称	型号		数量	备注	

旧底图总号	更改标记	数量	更改单号	签名	日期	签名		日期	第 页
						拟制			共 页
底图总号						审核			第 册
						标准化			共 册

4. 导线及线扎加工的编制

导线及线扎加工工艺文件编制了导线和线扎的加工准备及排线等内容。在填写时，"编号（线号）"栏填写导线的编号或线扎图中导线的编号；"规格型号""颜色"栏填写材料的规格型号、颜色；"长度"栏填写导线的下料长度；"去向、焊接处"栏填写导线焊接去向。导线及线扎加工工艺文件编制格式如表 3-10 所示。

表 3-10　导线及线扎加工工艺文件的编制格式

导线及线扎加工表										产品名称/型号		产品图号		
编号（线号）	规格型号	颜色	数量	长度/mm					去向、焊接处		设备	工时定额	备注	
				全长	A端	B端	A剥头	B剥头	A端	B端				
简图														

旧底图总号	更改标记	数量	更改单号	签名	日期	签名		日期	第　页
						拟制			共　页
底图总号						审核			第　册
						标准化			共　册

5. PCB 图工艺文件的编制

PCB 图工艺文件包括单层 PCB 图、双层 PCB 图、多层 PCB 图、位号图等，其格式如表 3-11 所示。

表 3-11　PCB 图的工艺文件及内容

单层 PCB 图、双层 PCB 图、多层 PCB 图、位号图等	产品名称/型号	产品图号

旧底图总号	更改标记	数量	更改单号	签名	日期	签名		日期	第　页
						拟制			共　页
底图总号						审核			第　册
						标准化			共　册

6. 工艺文件及内容

工艺流程图、整机生产流程、生产工艺说明等工艺文件及内容如表 3-12 所示。

表 3-12 工艺流程图、整机生产流程、生产工艺说明等工艺文件及内容

	工艺流程图、整机生产流程、生产工艺说明等	产品名称/型号	产品图号

旧底图总号	更改标记	数量	更改单号	签名	日期	签名		日期	第　页
						拟制			共　页
底图总号						审核			第　册
						标准化			共　册

7. 材料配套明细的编制

材料配套明细工艺文件编制了产品生产中所需要的材料名称、型号规格及数量等，供有关部门在配套及领发料时使用。它反映零部件和整件装配时所需要的各种材料及其数量。在填写时，"图号""名称""数量"栏填写相应设计文件明细表的内容或外购件的标准号、名称和数量；"来自何处"栏填写材料来源处；辅助材料填写在顺序的末尾。文件主要的呈现格式有电子元器件清单、各种组成部件清单等，其工艺文件格式如表 3-13 所示。

表 3-13　材料配套明细工艺文件格式

材料配套明细			产品名称/型号		产品图号
序号	图号	名称	数量	来自何处	备注

旧底图总号	更改标记	数量	更改单号	签名	日期	签名		日期	第　页
						拟制			共　页
底图总号						审核			第　册
						标准化			共　册

8. 电子产品生产装配工艺过程卡的编制

装配工艺过程卡编制插件工艺文件、工艺说明文件、工艺简图文件等内容；同时包括电子产品生产中的生产工序、生产的车间、工种、工时等内容。装配工艺过程卡工艺文件编制的格式如表 3-14 所示。

表 3-14 装配工艺过程卡工艺文件编制的格式

								产品名称/型号		产品图号
		装配工艺过程卡								
		装入件及辅助材料								
序号		图号、名称	数量	车间	序号	工种	工序及要求	设备及安装		工时定额
备注										

旧底图总号	更改标记	数量	更改单号	签名	日期	签名		日期	第　页
						拟制			共　页
底图总号						审核			第　册
									共　册

9. 电子产品生产调试卡、检验卡的编制

电子产品生产调试卡、检验卡工艺文件包括电子产品调试及设备、电子产品的检测方法,电子产品的调整方法等内容。其工艺文件格式如表 3-15 所示。

表 3-15 电子产品生产调试卡、检验卡的工艺文件格式

					产品名称/型号		调试项目		
		调试卡、检验卡							
旧底图总号	更改标记	数量	更改单号	签名	日期	签名		日期	第　页
						拟制			共　页
底图总号						审核			第　册
						标准化			共　册

10. 工艺文件更改通知单的编制

工艺文件更改通知单如表 3-16 所示。

表 3-16　工艺文件更改通知单

更改单号	工艺文件更改通知单		产品名称/型号	图号	第　　页
					共　　页
生效日期	更改原因		通知单分发单位		
	处理意见				
更改标记	更改前		更改标记	更改后	
拟制	日期	审核	日期	标准化　　日期	批准　　日期

注意：1. 以上的工艺文件内容的编制可以根据生产企业的实际情况增加或减少。

2. 引用的具体文件：

SJ/T 10320—1992　　工艺文件的格式

SJ/T 10324—1992　　工艺文件的成套性

SJ/T 10375—1993　　工艺文件格式的填写

SJ/T 10462—1993　　工艺管理常用图形符号

SJ/T 10631—1995　　工艺文件的编写

SJ/T 10531—1995　　工艺文件的更改

任务评价

本任务评价由三个部分组成，即学生自评、小组评价和教师评价，并按照学生自评占 30%、小组评价占 30%、教师评价占 40% 计入总分，最后将各评价结果及最终得分填入表 3-17 所示的任务评价表中。

表 3-17　电子产品生产流程及生产技术文件任务评价表

活动	考核要求	配分	学生自评	小组评价	教师评价	得分
电子产品的生产流程	了解电子产品生产流程的主要生产环节及岗位特点	30 分				
电子产品的生产工艺文件	了解电子产品生产工艺文件的内容、种类、特点、主要作用、格式特点	30 分				
电子产品生产工艺文件的编制	熟悉电子产品生产文件的编制和填写方法	30 分				
安全文明操作	学习中是否有违规操作	10 分				
总分		100 分				

知识拓展

插件工艺文件的编制

插件工艺文件的编制是一项繁杂、细致的工作，在编制过程中要考虑合理的工作次序、难易程度搭配、工作量均衡等要素。在流水线生产时，插件岗位的工人每天插入的元器件数量高达 7000～9000 只，在这样大数量的重复性操作中，若插件工艺编制不合理，会引起差错率的明显上升。所以合理地编制插件工艺是非常重要的，要使工人在比较放松的状态下，也能正确高效地完成工作内容。

1. 插件工艺文件编制的要领

1）各道插件工位的工作量安排要均衡，工位间工作量（按标准工时定额计算）差别不大于 3s。

2）电阻器避免集中在某几个工位安装，应尽量平均分配给各道工位。

3）外形完全相同而型号规格不同的元器件，绝对不能分配给同一工位安装。

4）型号、规格完全相同的元件应尽量安排给同一工位。

5）需识别极性的元器件应平均分配给各道工位。

6）安装难度高的元器件，也要平均分配。

7）前道工位插入的元器件不能造成后工位安装的困难。

8）插件工位的顺序应掌握先上后下、先左后右，这样可减少前后工位的影响。

9）在满足上述各项要求的情况下，每个工位的插件区域应相对集中，可有利于插件速度。

2. 编制的步骤及方法

（1）计算生产节拍时间

每天工作时间：8h。

上班准备时间：15min。

上、下午休息时间：各 20min。

（2）计算 PCB 插件的总工时

将元器件分类列在表内，按标准工时定额计算单件的定额时间，最后累计出 PCB 插件所需的总工时。

（3）计算插件工位数

插件工位的工作量安排一般应考虑适当的余量，根据总工时可以估算出插件工位的人数。

（4）确定工位工作量时间

根据单件的额定时间和单件的数量，确定工位工作量时间。

（5）划分插件区域

按编制要领将元器件分配到各工位。

（6）对工作量进行统计分析

对每个工位的工作量进行统计分析。

自我测试与提高

1. 填空题

（1）电子产品的形成一般要经历_____、_____、_____、_____、_____和_____几个环节，最后进入市场销售到达用户手中。

（2）电子产品生产场地布局的设计，必须由_____、_____、_____、_____和_____共同研究、反复论证，提出最优化的方案，报企业决策。

（3）在 PCB 装配中，可以划分为_____和_____两类。

（4）电子产品的调试包括_____和_____两部分。

（5）根据电子整机产品的特点，工艺文件通常可以分为_____和_____两大类。

（6）电子产品生产企业整机生产过程中主要有以下工序：_____、_____和_____。

2. 简答题

（1）简述电子整机总装的一般顺序。

（2）简述电子产品生产工艺文件包含的内容。

（3）简述工艺文件的格式要求。

（4）简述编制电子产品生产工艺文件的依据。

项目 4

PCB 的设计与工艺

PCB 制造技术的发展趋势是向高密度、高精度、细孔径、细导线、细间距、高可靠、多层化、高速传输、质量轻、薄型方向发展；向提高生产率，降低成本，减少污染，适应多品种、小批量生产方向发展。

目前，全球 PCB 产业是各个电子元件细分产业中比例最大的产业。随着 PCB 应用领域的不断扩大，其重要性还在进一步提高。

知识目标

1）了解 PCB 的基本知识。
2）了解 PCB 的分类知识。
3）了解 PCB 的设计基础。

技能目标

1）掌握 PCB 设计的基本步骤及器件布局。
2）能应用电子 CAD（computer aided design，计算机辅助设计）绘图。
3）掌握 PCB 手工制作的方法。
4）通过参观工厂了解 PCB 的生产过程。

情感目标

1）培养学生严谨的科学态度，以及勤于思考、团结协作、吃苦耐劳的品质。
2）通过实际动手操作，激发学生浓厚的学习兴趣。

任务 1　PCB 及设计的基础知识

【背景介绍】

PCB（printed circuit board），中文名称为印制电路板，是电子元器件电气连接的载体。由于采用了电子印刷术制作，故被称为"印刷"电路板。

PCB 的发明者是奥地利人保罗·爱斯勒（Paul Eisler），他于 1936 年在一个收音机装置内采用了 PCB。1943 年，美国人将该技术大量应用于军用收音机内。1948 年，美国正式认可这个发明用于商业用途。自 20 世纪 50 年代中期起，PCB 技术开始被广泛采用。

生活中来

在人们现实生活中能够看到的电子产品小到遥控器、手机、导航仪、平板电脑，大到电视机、空调器、计算机、汽车、机器人等，都离不开 PCB，只要有电子元器件，它们之间的电气互连都要用到 PCB。

任务描述

本任务主要完成四个活动内容，即 PCB 的基本知识、PCB 的设计结构分类、PCB 电路设计基础、PCB 的布局。其中，PCB 电路设计基础和 PCB 的布局为重点学习内容。PCB 及设计基础知识任务单如表 4-1 所示，请根据实际完成情况填写。

表 4-1　PCB 及设计基础知识任务单

序号	活动名称	计划完成时间	实际完成时间	备注
1	PCB 的基本知识			
2	PCB 的设计结构分类			
3	PCB 电路设计基础			
4	PCB 的布局			

任务实施

【活动 1】PCB 的基本知识

1. 认识 PCB

我们把在绝缘基材上，按预定设计制成印制线路、印制元件或两者的组合，用于提供元器件之间电气连接的导电图形称为印制电路，把印制电路或印制线路的成品板称为印制电路板，也称为印制板或 PCB，如图 4-1 所示。在 PCB 出现之前，电子元器件之间的互连都是依靠导线直接连接来实现的，如图 4-2 所示。作为替代导线直接连接的电路面包板（图 4-3）只有做实验时还在使用。而 PCB 在电子产品电路生产中已经占据了绝对优势的地位。

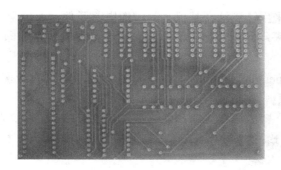

图 4-1　PCB

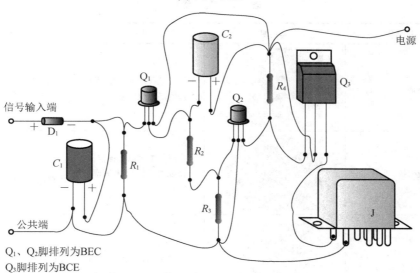

Q₁、Q₂脚排列为BEC
Q₃脚排列为BCE

图 4-2　电路导线直接连接图

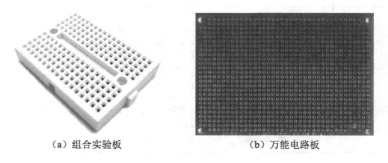

（a）组合实验板　　　　　（b）万能电路板

图 4-3　电路面包板

2. PCB 常用名词

1）印制：采用某种方法，在一个表面上再现图形和符号的工艺，通常称为印制。
2）印制线路：采用印制法，在基板上制成的导电图形，包括印制导线、焊盘等。

3）印制元件：采用印制法在基板上制成的电路元件，如电阻、电容等。

4）印制电路：采用印制法得到的电路，它包括印制线路和印制元件或由二者组合的电路。

5）覆铜板（copper clad laminate，CCL）：由绝缘板和覆在上面的铜箔构成，是制造PCB上电气连线的原料。常用覆铜板如表4-2所示。

6）印制电路板：印制电路或印制线路加工后的板子，简称印制板或PCB。板上所有安装、焊接、涂覆均已完成的，习惯上按其功能或用途称为"某某板"或"某某卡"，如计算机的主板、声卡等。

表4-2 常用覆铜板

覆铜板名称	实物图	特点	应用
酚醛纸质覆铜板		价格低，阻燃强度低，易吸水，耐高温性能差	中低档民用电器，如收音机、录音机等
环氧纸质覆铜板		价格高于酚醛纸质覆铜板，机械强度、耐高温和耐潮湿性较好	工作环境好的仪器、仪表及中档以上民用电器
环氧玻璃布覆铜板		价格较高，性能优于环氧/酚醛纸质覆铜板，且基板透明	工作环境好的仪器、仪表及中档以上民用电器
聚四氟乙烯覆铜板	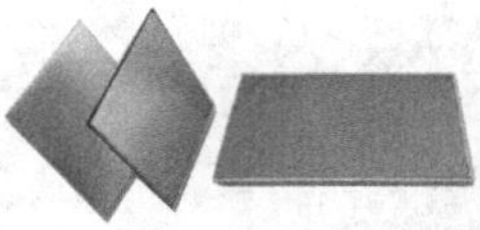	价格高，介电常数低，介质损耗低，耐高温，耐腐蚀	微波、高频，电器，导弹，雷达等
聚酰亚胺柔性覆铜板		可挠性好、质量轻	民用及工业电器、计算机、智能手机、仪器仪表等

3. PCB元器件连接与导线布线

（1）PCB基板

PCB基板是由绝缘、隔热、不易弯曲的材料构成的。在基板表面覆盖有铜箔，如图4-4（a）上的细小线路材料就是铜箔，也就是覆铜板。覆铜板在制造过程中，一部分被蚀刻处理掉，剩下来的部分就变成所需要的线路了，这些线路称作导线或布线，用来连接 PCB 上的元器件。

（2）元器件的固定和连接

为了将元器件固定在 PCB 板上，需要将它们的引线端子直接焊在布线上。在最基本的 PCB（单面板）上，元器件都集中在一面，导线则都集中在另一面，如图 4-4 所示。这就需要在板子上钻孔，使元件引线能穿过板子焊在另一面上。所以，PCB 的两面分别称为元器件面与焊接面。

　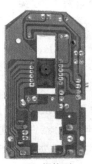

（a）元器件面　　　　　　　　　（b）焊接面

图 4-4　单面 PCB 元器件面与焊接面实物图

（3）PCB 导线布线

印制导线的布线原则如表 4-3 所示。

表 4-3　印制导线的布线原则

印制导线的布线原则	相关 PCB 图片
导线走向尽可能取直，以近为佳，不要绕远	
导线走线要平滑自然，连接处要用圆角，避免用直角	
当采用双面板布线时，两面的导线要避免相互平行，以减小寄生耦合。作为电路输入及输出用的印制导线，应尽量避免相邻平行，在这些导线之间最好加上一个接地线	
印制导线的公共地线，应尽量布置在印制线路的边缘，并尽可能多地保留铜箔作为公共地线	

印制导线的布线原则	相关 PCB 图片
尽量避免使用大面积铜箔，必须用时，最好镂空成栅格，有利于排除铜箔与基板间的黏合剂受热产生的挥发性气体；当导线宽度超过 3mm 时，可在中间留槽，以利于焊接	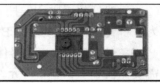

【活动 2】PCB 的设计结构分类

PCB 根据使用场合及设计结构形式常见的有五种类型，即单面 PCB、双面 PCB、多层 PCB、软 PCB 和平面 PCB，每种 PCB 各有特点，可应用在不同设备的电路中。

1. 单面 PCB

单面 PCB 是厚度为 0.2～0.5mm 的覆铜板，通过印制和腐蚀的方法，在基板上形成印制电路。它主要用于电子元器件密度不高的低端电子产品，如收音机、录音机等，比较适合于手工制作。单面 PCB 如图 4-5 所示。

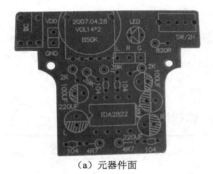

（a）元器件面　　　　　　　　　　　　（b）焊接面

图 4-5　单面 PCB 实物图

2. 双面 PCB

双面 PCB 是厚度为 0.2～0.5mm，且两面均敷有铜箔的覆铜板，基板上的两面均可制成印制电路，适用于电子元器件密度比较高的中高端电子产品，如电子计算机、电子仪器、手机等。由于双面印制电路的布线密度较高，因此能减小自身的面积和电子设备的体积，需要特殊的制作工艺，手工制作基本是不可能的。双面 PCB 如图 4-6 所示。

3. 多层 PCB

在绝缘基板上制成三层以上的 PCB 称为多层 PCB。它是由几层较薄的单面板或双层面板粘在一起制成的，其厚度一般为 1.2～2.5mm。其特点是与集成电路块配合使用，可以减小产品的体积与质量，还可以增设屏蔽层，以提高电路的电气性能。多层 PCB 如图 4-7 所示。

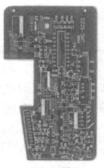

（a）A 面　　　　　　　　　（b）B 面

图 4-6　双面 PCB 实物图

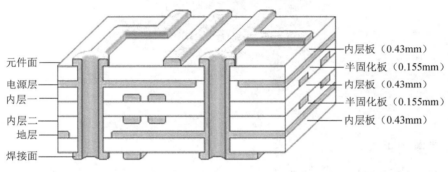

元件面
电源层
内层一
内层二
地层
焊接面

内层板（0.43mm）
半固化板（0.155mm）
内层板（0.43mm）
半固化板（0.155mm）
内层板（0.43mm）

图 4-7　多层 PCB

　　常见的多层板一般为 4 层板或 6 层板，复杂的多层板可达十几层。人们熟知的计算机主机板、显卡等，其最重要的部分就是 PCB，如图 4-8 所示的 PCB 就是计算机的主板。

图 4-8　计算机的主板实物图

4. 软 PCB

软 PCB 的基材是软的层状塑料或其他软膜性材料，如聚酯或聚亚胺的绝缘材料，其厚度为 0.25～1mm。它也有单层、双层和多层之分，可以端接、排接到任意规定的位置，如手机的触摸屏和 PCB 之间的电气连接，被广泛应用于电子计算机、智能手机、通信、仪表等电子产品上，如图 4-9 所示。

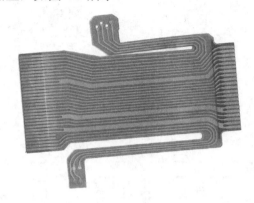

图 4-9　软 PCB

5. 平面 PCB

将 PCB 的印制导线嵌入绝缘基板，使导线与基板表面平齐，就构成了平面 PCB。在平面 PCB 的导线上都电镀一层耐磨的金属，通常用于转换开关、电子计算机的键盘等。计算机键盘 PCB 如图 4-10 所示。

图 4-10　计算机键盘 PCB

【活动 3】PCB 设计基础

1. 认识 PCB 设计

PCB 设计人员根据电子产品的电路原理图和元件的形状尺寸，将电子元件合理地进行排列并实现电气连接，就是 PCB 的设计。

PCB 的设计要考虑电路的复杂程度、元件的外形和质量、工作电流的大小、工作电压的高低，以便选择合适的板基材料并确定 PCB 的类型。在设计印制导线的走向时，还要考虑电路的工作频率，以尽量减少导线间的分布电容和分布电感等。

2. PCB 的设计步骤和方法

（1）选定 PCB 的材料、厚度和板面尺寸

PCB 的材料选择必须考虑电气和机械特性，以及价格和制造成本。

（2）PCB 坐标尺寸图的设计

手工绘制 PCB 图时，可借助坐标纸上的方格正确表达 PCB 上元件的坐标位置。在设计和绘制坐标尺寸图时，应根据电路图并考虑元器件布局和布线的要求，如哪些元器件在板内，哪些要加固、要散热、要屏蔽，哪些元器件在板外，需要多少板外连线，引出端的位置如何等，必要时还应画板外元器件接线图。

阻容元件、晶体管等应尽量使用标准跨距，以适应元器件引线的自动成型。各元器件的安装孔的圆心必须设置在坐标格的交点上。

（3）根据电路原理图绘制 PCB 草图

首先，要选定排版方向并确定主要元器件的位置，当排版的方向确定以后，接下来要确定单元电路及其主要元器件，如晶体管、集成电路等的布设；然后布设特殊元器件；最后确定对外连接的方式和位置。

原理图的绘制一般以信号流程及反映元器件在图中的作用为依据，因此原理图中走线交叉现象很多，这对读图无影响，但在 PCB 中不允许出现导线交叉。因此，在排版中，要绘制单线不交叉图，可通过重新排列元器件位置与方向来解决。

在较复杂的电路中，有时导线完全不交叉是很困难的，这时可采用"飞线"来解决。"飞线"是在 PCB 导线的交叉处切断一根，从板的元器件面用一根短接线连接。"飞线"过多会影响元件的安装效率，不能算是成功之作，所以只有在迫不得已的情况下才使用。

【活动 4】PCB 的布局

1. PCB 的布局规则

在 PCB 设计中，PCB 的布局是指对电子元器件在印制电路上进行规划及放置的过程，包括规划和放置两个阶段。合理的布局是 PCB 设计成功的第一步，布局结果的好坏将直接影响布线的效果和可制造性。

在进行 PCB 的布局时，主要考虑以下两个方面。

1）各级电路之间和元器件之间的相互干扰。这些干扰包括电场干扰（电容耦合干扰）、磁场干扰（电感耦合干扰）、高频和低频间干扰、高压和低压间干扰，还有热干扰等。

2）满足设计指标、符合生产加工和装配工艺的要求，同时兼顾电路调试和维护维修的方便。

在布局 PCB 时，要充分了解电路中所用元器件的电气特性和物理特征：元器件的电气特性包括额定功率、电压、电流、工作频率等；元器件的物理特性包括体积、宽度、

高度、外形等。PCB 的整体布局还要考虑到整个板要重心平稳、元器件疏密恰当、排列美观大方。

2. PCB 的制造性与布局设计

PCB 制造性是指设计出的 PCB 要符合电子产品的生产条件。如果需要大批量生产，则 PCB 布局就要做周密的规划设计，需要考虑贴片机、插件机的工艺要求及生产中不同的焊接方式对布局的要求。这是设计批量生产的 PCB 应当首先考虑的，主要有以下几个方面。

（1）考虑焊接方式

在布局设计中应尽量保证元器件的两端焊点同时接触焊料波峰。当尺寸相差较大的片状元器件相邻排列，且间距很小时，较小的元器件在波峰焊时应排列在前面，先进入焊料池。还应避免尺寸较大的元器件遮蔽其后尺寸较小的元器件，造成漏焊。板上不同组件相邻焊盘图形之间的最小间距应在 1mm 以上。

回流焊接方式几乎适用于所有贴片元件的焊接，波峰焊则只适用于焊接矩形片状元件、圆柱形元器件、SOT（小外形塑封晶体管简称 SOT，又称微 GY24W-K 型片式晶体管，它主要用于混合式集成电路。为了便于晶体管的表面安装，常采用的封装形式有 SOT-23 型、SOT-89 型、SOT-143 型、SOT-252 型）和较小的 SOP（管脚数小于 28、脚间距在 1mm 以上）。当采用波峰焊接 SOP 等多脚元件时，应在锡流方向最后两个（每边各一个）焊脚外设置偷锡焊盘，防止连焊。鉴于生产的可操作性，对于双面需要放置元器件的 PCB 整体设计而言，应尽可能根据以下顺序优化。

1）双面贴装。在 PCB 的 A 面布放贴片元器件和插装元器件，B 面布放适合于波峰焊的贴片元器件。

2）双面混装。在 PCB 的 A 面布放贴片元器件和插装元器件，B 面布放需回流焊的贴片元器件。

元器件布置的有效范围：在设计需要到生产线上生产的 PCB 时，要留出传送边，每边 3.5mm，如不够，则需另加工艺传送边。在 PCB 中位于 PCB 边缘的元器件离 PCB 边缘一般不小于 2mm。PCB 的最佳形状为矩形，长宽比为 3：2 或 4：3。当 PCB 板尺寸大于 200mm×150mm 时，应考虑 PCB 所受的机械强度。

（2）考虑元器件在 PCB 上的排向

布局设计原则上是随元器件类型的改变而变化的，即同类元器件尽可能按相同的方向排列、顺序直线布局，以便元器件的贴装、焊接和检测，如图 4-11 所示。在布局时，DIP 封装的集成电路（integrated circuit，IC）摆放方向必须与过锡炉的方向垂直，不可平行，如果布局上有困难，则可允许水平放置 IC，SOP 封装的 IC 摆放方向与 DIP 相反。

（3）考虑导通孔对元器件布局的影响

在 PCB 设计中，还要考虑导通孔对元器件布局的影响，避免在表面安装焊盘以内或在距表面安装焊盘 0.635mm 以内设置导通孔。如果无法避免，则需用阻焊剂阻断焊料流失通道。作为测试支撑用的导通孔，在设计布局时，需充分考虑不同直径的探针进行自动测试时的最小间距。

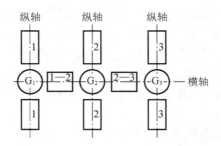

图 4-11 顺序直线布局

3. 电路中功能元器件的布局设计

PCB 的布局设计中要分析电路中的电路功能单元，根据其功能合理地进行布局设计，对电路的全部元器件进行布局时，要符合以下原则。

1）按照电路的流程安排各个功能电路单元的位置，使布局便于信号流通，并使信号尽可能保持一致的方向。

2）以每个功能电路的核心元件为中心，并围绕它来进行布局。元器件应均匀、整齐、紧凑地排列在 PCB 上，尽量减少和缩短各元器件之间的引线和连接。

3）在高频下工作的电路，要考虑元器件之间的分布参数。一般电路应尽可能使元器件平行排列，这样，不但美观，而且装焊容易，易于批量生产。

4. 电路中特殊元器件的布局设计

在 PCB 设计中，特殊的元器件是指高频部分的关键元器件、电路中的核心元器件、易受干扰的元器件、带高压的元器件、发热量大的元器件以及一些异形元器件等。这些特殊元器件的位置需要仔细分析，做到布局合乎电路功能的要求及生产的要求，不恰当地放置它们，可能会产生电磁兼容问题、信号完整性问题，从而导致 PCB 设计失败。在设计如何放置特殊元器件时，首先要考虑 PCB 尺寸的大小。当 PCB 尺寸过大时，印制线条长，阻抗增加，抗噪声能力下降，成本也增加；当 PCB 尺寸过小时，散热不好，且邻近线条易受干扰。在确定 PCB 尺寸后，再确定特殊元件的位置。最后，根据电路的功能单元，对电路的全部元器件进行布局。特殊元器件的位置在布局时一般要遵守以下原则。

1）尽可能缩短高频元器件之间的连线，设法减少它们的分布参数和相互间的电磁干扰。易受干扰的元器件不能挨得太近，输入和输出元器件应尽量远离。

2）某些元器件或导线之间可能有较高的电位差，应加大它们之间的距离，以免放电引起意外短路。带高电压的元器件应尽量布置在调试时手不易触及的地方。

3）质量超过 15g 的元器件，应当用支架加以固定，然后焊接。那些又大又重、发热量多的元器件，不宜装在 PCB 上，而应装在整机的机箱底板上，且应考虑散热问题。热敏元件应远离发热元件。

4）对于电位器、可调电感线圈、可变电容器、微动开关等可调元器件的布局，应考虑整机的结构要求。若是机内调节，则应放在 PCB 上方便调节的地方；若是机外调节，则其位置要与调节旋钮在机箱面板上的位置相适应。

5）应留出 PCB 定位孔及固定支架所占用的位置。一个产品的成功与否，一是要注重内在的质量，二是要兼顾整体的美观，两者都较完美才能认为该产品是成功的。在一个 PCB 上，元器件的布局要均衡、疏密有序，不能头重脚轻或一头沉。

5. 布局的检查

在 PCB 完成元器件的基本布局后，需要对布局进行检查，分以下几个方面进行。

1）PCB 尺寸是否与图样要求的加工尺寸相符，是否符合 PCB 制造工艺要求，有无定位标记。

2）元器件在二维、三维空间上有无冲突。

3）元器件布局是否疏密有序、排列整齐，是否全部布完。

4）需经常更换的元件是否方便更换，插件板插入设备是否方便。

5）热敏元件与发热元件之间是否有适当的距离。

6）可调元件是否方便调整。

7）在需要散热的地方，是否安装了散热器，空气流是否通畅。

8）信号流程是否顺畅且互连最短。

9）插头、插座等与机械设计是否矛盾。

10）线路的干扰问题是否有考虑。

任务评价

本任务评价由三个部分组成，即学生自评、小组评价和教师评价，并按照学生自评占 30%、小组评价占 30%、教师评价占 40% 计入总分，最后将各评价结果及最终得分填入表 4-4 所示的任务评价表中。

表 4-4　PCB 及设计的基础知识任务评价表

活动	考核要求	配分	学生自评	小组评价	教师评价	得分
PCB 的基本知识	知道 PCB 的概念及构成	10 分				
PCB 的设计结构分类	知道 PCB 的分类及特点	20 分				
PCB 电路设计基础	知道 PCB 的设计基本步骤及方法	20 分				

续表

活动	考核要求	配分	学生自评	小组评价	教师评价	得分
PCB 的布局	知道 PCB 的布局原则及方法	40 分				
安全文明操作	学习中是否有违规操作	10 分				
总分		100 分				

知识拓展

PCB 的发展历程

印制电路的基本概念在 20 世纪初已有人在专利中提出过，1947 年美国航空局和美国国家标准局发起了印制电路首次技术讨论会，列出了 26 种不同的印制电路的制造方法，并将其归纳为六类：涂料法、喷涂法、化学沉积法、真空蒸发法、模压法和粉压法。当时，这些方法都未能实现大规模的工业化生产，直到 20 世纪 50 年代初期，由于铜箔和层压板的黏合问题得到解决，覆铜层压板性能稳定可靠，并实现了大规模的工业化生产，铜箔蚀刻法成为 PCB 制造技术的主流，一直发展至今。

20 世纪 60 年代，孔金属化双面印制和多层 PCB 实现了大规模生产，70 年代应用于大规模集成电路和电子计算机并得到迅速发展，80 年代表面安装技术和 90 年代多芯片组装技术的迅速发展推动了 PCB 生产技术的继续进步，一批新材料、新设备、新测试仪器相继涌现。PCB 生产进一步向高密度、细导线、多层、高可靠性、低成本和自动化连续生产的方向发展。

我国从 20 世纪 50 年代中期开始了单面 PCB 的研制，该技术首先应用于半导体收音机中。60 年代中期开发了覆箔板基材，使铜箔蚀刻法成为我国 PCB 生产的主导工艺，当时已经能大批量生产单面板，小批量生产双面金属化孔印制板，并在少数几个单位开始研制多层板。70 年代在国内推广了图形电镀蚀刻法工艺，但由于印制电路专用材料和专用设备没有及时跟上，整个生产技术水平落后于国外先进水平。到了 80 年代，大批量引进了国外先进的单面、双面、多层 PCB 生产线，在经过十多年的消化和吸收后，较快地提高了我国印制电路的生产技术水平。

到了 1990 年，我国 PCB 生产产量猛增，发展很快。1995 年，中国印制电路行业协会进行了一次全国调查，共调查了 459 个 PCB 生产企业，合计 PCB 总产量已达 1656 万 m^2，其中双面板为 362 万 m^2，多层板为 124 万 m^2，总销售额达 90 亿元人民币（约 11 亿美元）。在生产技术上，由于我国大量引进了国外先进设备和先进生产技术，大大缩短了和国外的差距，取得了很大的进步。进入 2000 年后，我国已逐渐成为 PCB 的生产大国。

自我测试与提高

1. 填空题

（1）在 PCB 出现之前，电子元器件之间的互连都是依靠_____直接连接来实现的。

（2）PCB 又称为_____。

（3）常用覆铜板有_____、_____、_____、_____、_____。

（4）多层 PCB 的厚度一般为_____mm。

（5）PCB 根据使用场合及设计结构形式常见的有五种类型，即_____、_____、_____、_____、_____。

2. 简答题

（1）简述印制导线的布线原则。

（2）简述 PCB 的设计步骤。

（3）在进行 PCB 的布局时，主要考虑哪两个方面？

（4）简述 PCB 设计布局的基本原则。

（5）在 PCB 完成元器件的基本布局后，需要对布局进行检查，分哪几个方面进行？

任务 2　PCB 的业余手工制作

【背景介绍】

小用量 PCB 业余制作主要经历了以下几个阶段：①使用油漆、石蜡、复写纸、雕刻刀、电钻、三氯化铁等材料制作 PCB；②使用油印法制作 PCB；③使用计算机、打印机、丝网印刷工艺制作 PCB；等等。

生活中来

在生活中，我们经常可以遇见一些对电子技术有独特爱好的人，如制作组装小型电子控制电路的爱好者。这些人在组装电路时要完成的第一个任务就是制作 PCB，因为在工厂定制 PCB 成本太高，他们大都选择业余手工制作 PCB。

任务描述

企业 PCB 的制作过程较为复杂，一般来说，企业 PCB 生产工艺可分为六大块：底片制作、金属化孔、线路制作、阻焊制作、字符制作、OSP（organic solderability preservative，有机可焊性防氧化处理）。业余手工制作 PCB 简单得多，有多种方法，根据许多手工制作 PCB 的人员在实践中的总结，感光法制板效果较理想，其主要过程包括设计 PCB 电路图并用打印机打印菲林胶片，对覆铜板进行裁板、覆膜和曝光，以及显影、腐蚀和脱膜操作，检测线路板并按要求钻孔等。PCB 的业余手工制作知识任务单如表 4-5 所示，请根据实际完成情况填写。

表 4-5 PCB 的业余手工制作知识任务单

序号	活动名称	计划完成时间	实际完成时间	备注
1	制作材料、工具的准备			
2	PCB 电路图的设计及菲林胶片的打印			
3	覆铜板的裁板、覆膜和曝光			
4	显影、腐蚀和脱膜			
5	检测、钻孔			
6	涂敷保护层、整理			

任务实施

早期手工制作 PCB，采用的方法很多，如用描漆法、粘贴法、刀刻法等制作简单的 PCB。现在电路日趋复杂，上述方法制作的 PCB 已不能满足使用要求。许多手工制作 PCB 的人员在实践中总结出感光法制作 PCB 效果比较好，该方法容易掌握，操作过程也不复杂，可满足常用的电路，还可制作单双面板。尤其是感光法可以制作细至 0.2mm 的线条，而且线条边缘整齐无毛刺，整洁美观。下面具体介绍感光法制作 PCB 的过程。

【活动 1】制作材料、工具的准备

在手工制作 PCB 之前，对制作的材料和工具要进行梳理和准备，主要材料和工具如表 4-6 所示。

表 4-6 制作 PCB 的主要材料和工具

类别	工具或材料名称	工具或材料实物图
主要制作工具	计算机 1 台（注：计算机配置不需要很高，装有 Protel 99SE 软件即可）	
	激光打印机或喷墨打印机 1 台	激光打印机　　喷墨打印机

类别	工具或材料名称	工具或材料实物图
主要制作工具	紫外线曝光箱 1 台	
	显影盆、腐蚀盆各 1 个（也可共用 1 个）	
	细芯黑色记号笔 1 支（用于修负片）	
	小电钻 1 个，0.8~3mm 钻头若干	
主要制作材料	显影剂、脱模剂、三氯化铁若干	

续表

类别	工具或材料名称	工具或材料实物图
主要制作材料	透明菲林或硫酸纸若干张（A4 幅面）	
	覆铜板（1～2 块）	
	酒精、松香若干	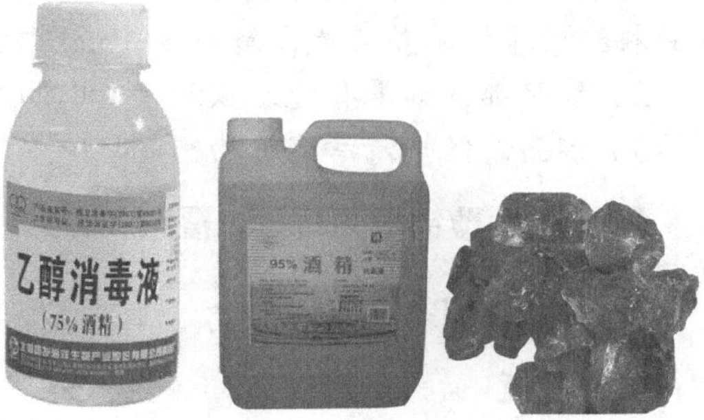

【活动 2】PCB 电路图的设计及菲林胶片的打印

1. PCB 电路图的设计与绘制

首先，要用 PCB 绘制软件绘制出 PCB 稿图，关于 PCB 的绘制在《电子 CAD》（赵顺洪，2020．科学出版社）中做了详细的讲解，本书中不再赘述。

2. 菲林胶片的打印

菲林，也称为菲林胶片，和一般的 A4 白色打印纸的最明显区别是菲林是透明的。菲林的两面只有一面是打印面，打印面用手摸上去感觉有些粗糙。打印出来的菲林图案是黑白图案，上面只有走线、焊盘、覆铜和文字，其中白色部分是 PCB 做出来后在板子上留下的部分，黑色部分都是不需要的，应该腐蚀掉（PCB 手工制板的主要思路就是用化学溶液腐蚀掉铜板上不需要的铜箔，将需要的留下），如图 4-12 所示。

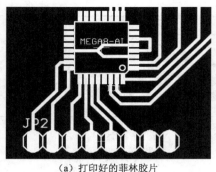
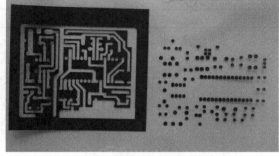

（a）打印好的菲林胶片　　　　　　　　　　（b）菲林胶片与PCB的通孔比对

图4-12　打印出来的菲林胶片

1）打印原稿时应选择镜像打印，电路图打印（墨水、碳粉）面必须与绿色的感光膜面相接紧密，以获得最高解析度（绘图软件都有镜像打印功能）。

2）线路部分如果有透光破洞，请以油性黑笔修补。

3）稿面需保持清洁无污物。

【活动3】覆铜板的裁板、覆膜和曝光

1. 覆铜板的裁板

（1）裁板

裁板也称为下料，在活动2的讲解中我们知道了如何打印电路图案，那么现在我们开始实际动手操作，利用上面打印的图案来制作PCB。先将准备好的覆铜板清洗干净，并用砂纸打磨平整。根据打印电路图的尺寸，利用裁板机、钢尺、钩刀等工具裁割覆铜板，如图4-13所示。

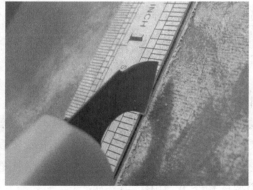
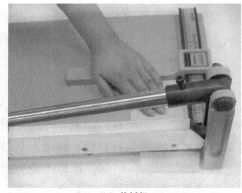

（a）钢尺、钩刀　　　　　　　　　　　　　（b）裁板机

图4-13　裁板

（2）打磨

1）将裁割好的覆铜板的边缘毛刺打磨干净，如图4-14（a）所示。

2）用颗粒较小的水砂纸打磨覆铜板表面，使其清洁、光亮，如图4-14（b）所示。

（a）打磨前　　　　　　　　　　　　　　　　（b）打磨后

图4-14　打磨

2．覆铜板的覆膜

在对覆铜板覆膜时，有两种方法：覆干膜、覆湿膜。这里介绍覆干膜，方法类似于贴手机膜。覆膜要在暗室中操作。感光膜有三层，中间层是药膜，另外两层是用来保护药膜的保护膜。把两块小胶布粘在感光膜两面的保护膜上，然后拉开，撕掉一面保护膜（还有一面是没有撕的，保护膜要留下来，后面有用处）。然后将膜贴在覆铜板上，贴膜一定不要有太多气泡，有气泡要用针扎破。再将熨斗加热到70～80℃，对贴好膜的覆铜板加热，使膜紧紧贴在覆铜板上（膜受热后附着力会加强），如果没有熨斗，也可以用热水瓶加热，或用过塑机加热到100℃左右。感光膜要事先切成和板子差不多大小，或者贴在板子上之后再裁成板子大小。覆干膜后的效果如图4-15所示（因为膜有点透明，所以不是很容易看得出来）。

图4-15　覆干膜

3. 覆铜板的曝光

1）撕掉另一层保护膜，将活动 2 中打印好的线路图的打印面（墨水面、碳粉面）贴在感光膜上，再用玻璃板紧压原稿及感光板，越紧密，解析度越好。

2）选择以下两种方式进行曝光。

① 20W 日光台灯曝光标准时间：8～10min（透明稿）、13～15min（半透明稿）。

② 太阳光曝光标准时间：强日光透明稿需 1～2min（半透明稿需 2～4min），弱日光透明稿需 2～3min（半透明稿需 4～5min）。

曝光后的覆铜板如图 4-16 所示。

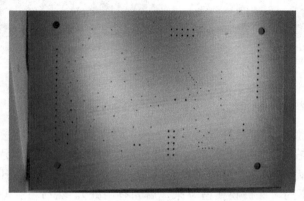

图 4-16　曝光后的覆铜板

【活动 4】显影、腐蚀和脱膜

1. 显影

显影就是将曝光后的覆铜板放入显影液，稍等一会儿就会看到深蓝色的漆膜发生变化，隐约出现 PCB 图案。这时可用软布蘸着显影液擦拭覆铜板的感光膜面，加快感光膜脱落，使显影加速完成。等到 PCB 图完全呈现后，显影就可结束了，这时可将板子用清水漂洗一遍，等待腐蚀。具体操作过程如下。

1）配制显影液：显影剂与水的比例为 1：100，即 1 包 20g 的显影剂配 2000mL 水（供参考），可显影约 10 片 8cm×12cm 单面感光板。（**注意**：配制显影液只能用塑料盆，不能用金属盆。）

2）显影：将感光板膜面朝上放入显影液（双面板须悬空），每隔数秒摇晃容器或感光板，直到铜箔清晰且不再有绿色雾状冒起时即显影完成。再静候一段时间以确认显影百分之百完成。显影可在一般光线下进行，要随时观察显影的进度，不可照搬显影时间。

3）水洗：取出 PCB，用清水漂洗。

4）干燥及检查：为确保膜面无任何损伤，应对漂洗后的 PCB 进行干燥及检查，即利用吹风机吹干 PCB，将短路处用小刀刮净，断线处用油性笔修补好。

显影后的 PCB 如图 4-17 所示。

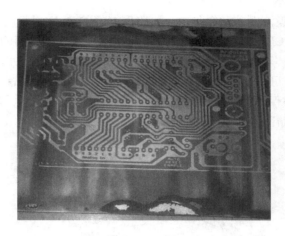

图 4-17　显影后的 PCB

2. 腐蚀

在 PCB 手工制作中，腐蚀有多种方法，这里只介绍如何用三氯化铁腐蚀显影后的 PCB，具体过程如下。

1）配制三氯化铁腐蚀液：250g 的三氯化铁调配 1200～1800mL 的水，在溶解完成后加热，避免在腐蚀过程中把 PCB 线路中的细线条蚀刻断。

2）腐蚀时间：腐蚀时间为 5～15min，在腐蚀时要轻摇塑料盆。

3）清洗、干燥：用清水漂洗腐蚀过的 PCB，用吹风机吹干。

腐蚀后的 PCB 如图 4-18 所示。

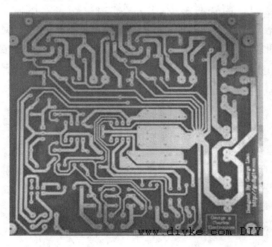

图 4-18　腐蚀后的 PCB

3. 脱膜

脱膜就是利用脱膜液将 PCB 上残留的贴膜除去，具体过程如下。

1）配制脱膜液：脱膜液用氢氧化钠和水按约 1∶100 的比例配制。

2）脱膜：将脱膜液倒入塑料盆中，再将腐蚀好的 PCB 漆膜面朝上放入脱膜液中，让脱膜液完全淹没 PCB，几分钟后就会出现漆膜从覆铜板上脱离的现象。

3）清洗、干燥：等漆膜完全脱离后，将 PCB 拿出来，用清水洗净后擦干（如果部分铜箔面有氧化层，可用绘图橡皮擦拭去除），再用无水酒精清洗 PCB 板面（PCB 要清洗干净，避免在涂敷保护层时出现问题）。

脱膜后的 PCB 如图 4-19 所示。

图 4-19　脱膜后的 PCB

【活动 5】检测、钻孔

1. 检测

在 PCB 完成脱膜后，需要对形成的线路板进行检测。肉眼能检查到一些情况，如凹痕、麻坑、划痕、表面粗糙、空洞、针孔等表面缺陷。另外，还要检查焊孔是否在焊盘的中心以及导线图形的完整性。可以用活动 2 中打印的 PCB 底图覆盖在已加工好的 PCB 上，来测定导线的宽度和外形是否在合理的范围内，再检查 PCB 的外边缘是否处于要求的尺寸范围内。用万用表检测 PCB，检查线路的通断情况，如图 4-20 所示。

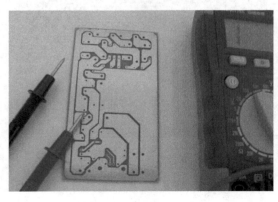

图 4-20　检测 PCB

2．钻孔

根据元器件引线的粗细钻出相应的孔洞，如图 4-21 所示。在钻孔过程中如果使用钻床，则应将钻床钻速调高，高钻速下钻出的孔平整光滑、质量高。如果用普通手枪钻或其他钻孔工具，则要注意钻头要锋利，否则钻出的孔边缘有太多毛刺，且铜箔面钻口有凸起，影响焊盘的牢固。最后用细砂纸将 PCB 板面打磨干净。

（a）钻孔前　　　　　　　　　　　　　　（b）钻孔后

图 4-21　PCB 的钻孔

【活动 6】涂敷保护层、整理

1．涂敷保护层

涂敷保护层主要是在 PCB 的铜箔面上涂敷一层松香液，这样可以保证 PCB 的铜箔在长期放置或使用中不至于锈蚀和氧化；另外，涂敷在铜箔上的松香液还有助焊的作用。松香液可用无水酒精配制，将松香固体块放置于酒精中溶解，不可太浓，便于涂敷即可。将配制好的松香液用毛笔或软布等涂敷于 PCB 的铜箔面，要均匀，不可过厚，薄薄的一层即可。涂敷完成后，将 PCB 放置一边等待松香液完全干燥，至此一块 PCB 就初步做好了。

2．整理

PCB 涂敷松香液干透后（摸上去不粘手），就可进行 PCB 的整理。先用钢锯裁掉 PCB 多余的部分，对 PCB 边缘用砂纸或锉刀进行修整使之整齐光滑，对四角也可进行倒角处理，使 PCB 的几何尺寸符合要求。剩下的工作就是焊接了。

任务评价

本任务评价由三个部分组成，即学生自评、小组评价和教师评价，并按照学生自评占 30%、小组评价占 30%、教师评价占 40%计入总分，最后将各评价结果及最终得分填入表 4-7 所示的任务评价表中。

表 4-7　PCB 的业余手工制作任务评价表

活动	考核要求	配分	学生自评	小组评价	教师评价	得分
制作材料、工具的准备	能够简述材料的作用；会使用制作工具	10 分				
PCB 电路图的设计及菲林胶片的打印	会用打印机打印菲林胶片	10 分				
覆铜板的裁板、覆膜和曝光	能完成裁板、覆膜和曝光的操作	30 分				
显影、腐蚀和脱膜	能完成显影、腐蚀和脱膜的操作	20 分				
检测、钻孔	能完成检测、钻孔的操作	10 分				
涂敷保护层、整理	会涂敷保护层、会整理	10 分				
安全文明操作	学习中是否有违规操作	10 分				
总分		100 分				

知识拓展

业余条件下制作 PCB 的几种方法

1. 雕刻法

雕刻法就是将设计好的铜箔图形用复写纸复写到覆铜板的铜箔面，使用钢锯片磨制的特殊雕刻刀具，直接在覆铜板上沿着铜箔图形的边缘用力刻画，尽量切割到深处，然后撕去图形以外不需要的铜箔，最后用手电钻打孔就可以了。此法的关键：刻划的力度要够；撕去多余铜箔要从板的边缘开始。一些小电路实验板适合用此法制作。

2. 手工描绘法

手工描绘法就是用笔直接将印刷图形画在覆铜板上，然后进行化学腐蚀等步骤。由于现在的电子元器件体积小，引脚间距更小（毫米级），铜箔走线也同样细小，而且画上去的线条还很难修改，要画好这样的板并不容易。同时，颜料和画笔的选用也很关键。下面介绍将漆片溶于无水酒精中制成颜料，使用鸭嘴笔勾画 PCB 的具体方法。

1）将漆片（即虫胶，化工原料店有售）一份，溶于三份无水酒精中，并适当搅拌，待其全部溶解后，滴上几滴医用紫药水使其呈现一定的颜色，搅拌均匀后，即可作为保护漆用来描绘 PCB。

2）用细砂纸把覆铜板擦亮，然后用鸭嘴笔进行描绘（鸭嘴笔上有调整笔画粗细的螺母，笔画粗细可调，并可借用直尺、三角尺描绘出很细的直线，且描绘出的线条光滑、均匀、边缘无锯齿）。

3）PCB 图绘好后，即可放入三氯化铁溶液中进行腐蚀。

4）PCB 腐蚀好后，用棉球蘸上无水酒精擦掉保护漆，晾干，涂上松香液即可使用。

注意事项

由于酒精挥发快，配制好的保护漆应放在小瓶（如墨水瓶）中密封保存，用完后拧紧瓶盖，若在下次使用时发现浓度变大了，则只要加上适量无水酒精即可。

3. 贴图法

（1）预切符号法

到电子元器件售卖商店选购标准的预切符号及胶带，预切符号常用的规格有 D373（0D-2.79，ID-0.79）、D266（0D-2.00，ID-0.80）、D237（0D-3.50，ID-1.50）等，最好购买纸基材料做的（黑色），塑基（红色）材料尽量不用。胶带常用的规格有 0.3mm、0.9mm、1.8mm、2.3mm、3.7mm 等。根据电路设计图，将对应的符号及胶带粘贴到覆铜板的铜箔面上。用软一点的小锤（如光滑的橡胶锤或塑料锤等）敲打图贴，使之与铜箔充分贴合，要重点敲击线条转弯处、搭接处。粘贴好后就可以进行腐蚀工序了。

（2）不干胶纸贴图法（推荐）

将 Protel 或 PADS 等设计软件绘出的 PCB 图用针式打印机输出到不干胶纸上，将不干胶纸贴在已做清洁处理的覆铜板上，用切纸刀沿线条轮廓切割，将需腐蚀部分的纸条撕掉后放入三氯化铁溶液中腐蚀，腐蚀完成，然后清洗、晒干后即可投入使用。此法类似雕刻法，但比雕刻法更省力，且能保证印制导线的美观和精度。

注意事项

三氯化铁溶液腐蚀速度很慢，用稀硝酸代替三氯化铁做这个实验，腐蚀速度很快，5min 左右就能完成，质量与三氯化铁的类似。但稀硝酸比较危险，千万不要让身体的任何部位触及腐蚀液。

4. 油印法

将电路图按 1：1 的比例刻在蜡纸上，将蜡纸放在覆铜板上，用毛刷蘸取油漆与滑石粉调成的印料，均匀地涂到蜡纸上，反复几遍，即可在覆铜板上印上电路。这种刻板可反复使用，适于小批量制作。（**提示**：利用光电誊印机，可以按照设计图样自动刻制成 1：1 尺寸的蜡纸。）

自我测试与提高

1. 填空题

（1）手工制作 PCB 的主要环节有_____，_____，_____，_____，_____，_____等。

（2）手工制作 PCB 主要使用的工具有_____、_____、_____、_____、_____等。

（3）手工制作 PCB 的主要材料有_____、_____、_____、_____等。

2. 简答题

（1）显影的操作过程。

（2）腐蚀的操作过程。

（3）用流程图的形式画出手工制作 PCB 的工作过程。

任务 3　PCB 的工业制造工艺

生活中来

常见的家用电器都是通过家电企业规模生产而来的。在其电路的构成中，PCB 是必不可少的电气连接器件，拆开任意家用电器都能看见它的存在。

【背景介绍】

由于计算机的发展，20 世纪 70 年代，PCB 进入批量的专业化生产阶段，PCB 上元器件安装方式由原来的插入式安装技术（TMT）变为表面贴装技术（SMT）。

任务描述

PCB 的企业生产过程较为复杂，是一种非连续的流水线形式，任何一个环节出问题都会造成全线停产或大量报废的后果。PCB 报废后是无法回收再利用的。一般来说，企业 PCB 生产工艺可分为六大块：底片制作、金属化孔、线路制作、阻焊制作、字符制作、OSP，其流程如图 4-22 所示。

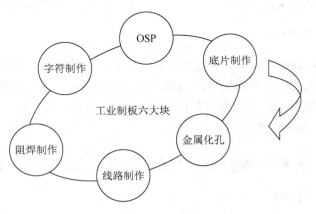

图 4-22　PCB 生产工艺流程

可将 PCB 的工业制造工艺归纳为三个主要过程：PCB 的线路形成，PCB 的表面处理，PCB 的检测与包装。PCB 的工业制造工艺知识任务单如表 4-8 所示，请根据实际完成情况填写。

表 4-8 PCB 的工业制造工艺知识任务单

序号	活动名称	计划完成时间	实际完成时间	备注
1	PCB 的线路形成			
2	PCB 的表面处理			
3	PCB 的检测与包装			

任务实施

【活动1】PCB 的线路形成

在中、小规模 PCB 生产中主要涵盖了 PCB 生产的前十个工艺流程，它们分别是制片、裁板、抛光、钻孔、金属化孔、线路感光层制作、图形曝光、图形显影、图形电镀和图形蚀刻。

1. 制片

制片主要有两项内容：光绘和冲片。

（1）光绘

光绘是指利用激光光绘机将用 CAD 软件设计出的 PCB 图形数据文件送入光绘机的计算机系统，控制光绘机利用光线直接在底片上绘制图形，如图 4-23 所示。

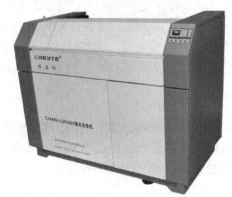

（a）PCB 图形   （b）激光光绘机

图 4-23 使用绘图软件在计算机上绘出的 PCB 图形及激光光绘机

激光光绘机采用 He-Ne 激光器作为光源，声光调制器作为扫描激光的控制开关，由计算机发送的图像信息经 RIP（raster image processor，光栅图像处理器）处理后进入驱动电路控制声光调制器工作。被调制的衍射激光，经物镜聚焦在滚筒吸附的胶片上，滚筒高速旋转做纵向主扫描，光学记录系统移动做副扫描，两个扫描运动合成，实现将计算机内部的图形信息以点阵形式还原在胶片上。

小知识

1）He-Ne 激光器。He-Ne 激光器是一种使用氦和氖混合气体的原子气体激光器。He（氦）是辅助物质，Ne（氖）是激活物质，输出的激光束通过左、右两个窗口射出。其实物如图 4-24 所示。

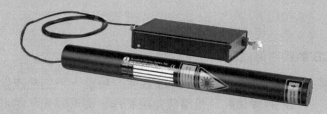

图 4-24　He-Ne 激光器

2）光栅图像处理器（RIP）是光栅或位图的处理工具或资源。RIP 在彩色桌面出版系统和大幅面打印输出领域的作用是十分重要的，它关系到输出的质量和速度。RIP 的主要作用是将计算机制作版面中的各种图像、图形和文字解释成打印机或照排机能够记录的点阵信息，然后控制打印机或照排机将图像点阵信息记录在纸上或胶片上。RIP 通常分为硬件 RIP 和软件 RIP 两种，也有软硬结合的 RIP。硬件 RIP 实际上是一台专用的计算机，专门用来解释页面的信息。由于页面解释的计算量非常大，因此，过去通常采用硬件 RIP 来提高运算速度。软件 RIP 是通过软件来进行页面的计算，将解释好的记录信息通过特定的接口卡传送给输出设备，因此，软件 RIP 要安装在一台计算机上。

（2）冲片

冲片是指将计算机上绘出的 PCB 图形通过激光光绘机扫描到胶片上，然后经过全自动冲片机显影、定影得到菲林底片。图 4-25 所示为全自动冲片机。图 4-26 所示为经激光光绘、冲片产生的底片。

图 4-25　全自动冲片机

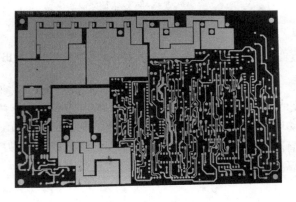

图 4-26　激光光绘、冲片产生的底片

2. 裁板

裁板在企业生产中又称为下料，在 PCB 制作前，应根据设计好的 PCB 图的大小来确定所需 PCB 覆铜板的尺寸规格。裁板的基本原理是利用上刀片受到的压力及上下刀片之间的狭小夹角，将夹在刀片之间的材料裁断。常用的裁板设备有两种，一种是手动裁板机，另一种是脚踏裁板机。图 4-27 所示为工厂 PCB 生产中的裁板。图 4-28 所示为 MCM2200 精密手动裁板机。

图 4-27 PCB 生产中的裁板

图 4-28 MCM2200 精密手动裁板机

在裁板过程中，将板材固定完毕后，为避免板材的移动导致裁剪倾斜，应先用左手压住板材，再用右手将压杆压下，压下压杆即完成一条边的裁切。重复上述步骤，就可以完成多边或多块板的裁切，如图 4-29 所示。

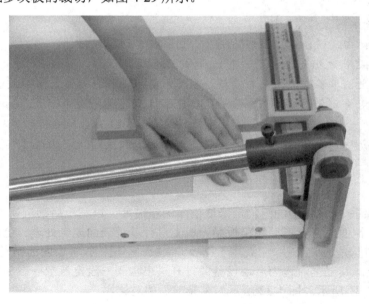

图 4-29 裁板

小知识

普通脚踏裁板机简介

普通脚踏裁板机如图 4-30 所示。

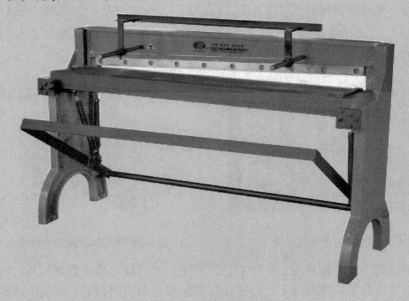

图 4-30　普通脚踏裁板机

其组成结构及特点如下。

1）机体由铸铁铸成，采用脚踏式，由拉杆与弹簧连接。

2）一般用于五金、电器、彩瓦及薄板的裁切。

3）由上、下刀架，左、右墙板，左、右滑道，拉杆弹簧，脚踏板组成。

4）使用前，要使机器保持平衡。要经常注油，保持油杯有油，以便润滑。

5）结构合理，剪切自动复位，脚踏轻便自如，设有剪切挡料和踏杠收折装置。

6）剪切质量好：切口齐、边线直、无飞边，能达到精密剪切效果。

3. 抛光

抛光即除去 PCB 铜面的污物，降低铜面的粗糙度，以利于后续沉铜工序。

将 PCB 铜面放在全自动线路板抛光机上进行基板表面抛光处理。全自动线路板抛光机采用双刷抛光烘干工艺，主要用于钢板、铝板、不锈钢板等表面的抛光，表面光洁度可达 6.3 以上。其工艺流程为启动设备并打开进出水阀→设定参数→准备好抛光板材→出板，如图 4-31 所示。图 4-32 所示为抛光前后的对比。

（a）启动设备并打开进出水阀

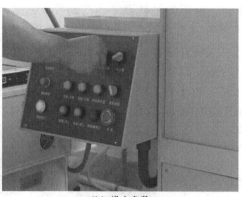

（b）设定参数

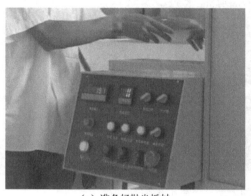

（c）准备好抛光板材

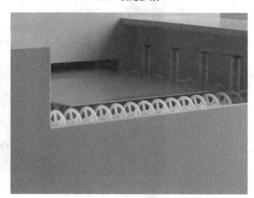

（d）出板

图4-31　抛光的流程

（a）抛光前

（b）抛光后

图4-32　抛光前后的对比

4. 钻孔

钻孔即在覆铜板上钻通孔或盲孔，建立线路板层与层之间以及元器件与线路之间的连通。常用的钻孔设备为自动数控钻床，用户只需在计算机上完成 PCB 文件设计，并将 PCB 文件或 NC Drill 文件通过 RS-232 串行通信口传送给数控钻床，数控钻床就能快速完成终点定位、分批钻孔等动作。

钻孔流程为联机上电→固定板件→导入文件→定位设置→分批钻孔。图 4-33 所示为工厂 PCB 生产的大型自动钻孔设备。图 4-34 所示为钻孔板的剖面图。图 4-35 所示为 DCD6050 全自动数控钻床及钻头。图 4-36 所示为钻孔工艺效果图。

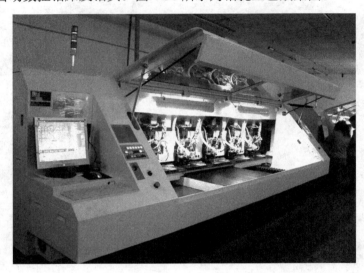

图 4-33　工厂 PCB 生产的大型自动钻孔设备

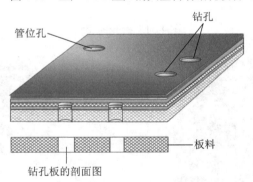

图 4-34　钻孔板的剖面图

图 4-35　DCD6050 全自动数控钻床及钻头

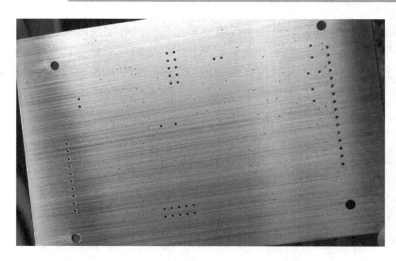

图 4-36　钻孔工艺效果图

5. 金属化孔

金属化孔是双面板和多层板的孔与孔间、孔与导线间通过孔壁金属化建立的最可靠的电路连接，采用将铜沉积在贯通两面、多面导线或焊盘的孔壁上，使原来非金属的孔壁金属化。

金属化孔工艺包括孔内沉铜及板面电镀两道工艺过程。孔内沉铜被广泛应用于有通孔的双面板或多层板的生产加工中，其主要目的是通过一系列物理和化学的处理方法在非导电基材上沉积一层导电体。板面电镀要求金属层均匀、完整，与铜箔连接可靠，电性能和机械性能符合标准。图 4-37 所示为孔内沉铜及板面电镀剖面示意图。

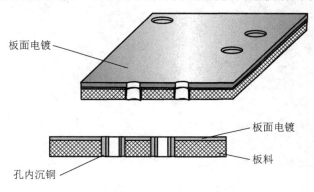

图 4-37　孔内沉铜及板面电镀剖面示意图

小知识

PTH 是电镀通孔 plated through-hole 的英文缩写，也可以翻译成"化学沉铜"，是连接不同电路层的孔内沉铜工艺。

图 4-38 所示为金属化孔设备。智能金属化孔机具有物理沉铜和镀铜双工艺，采用国外流行的黑孔化工艺、先进的开关式恒流技术，电镀电流稳定，不受其他外部因素的影响。智能金属化孔机使用高精度、高稳定的数字控制芯片来调节输出电流，配合液晶触摸屏显示，使输出电流的分辨率低于 50mA。图 4-39 所示为金属化孔工艺效果图。

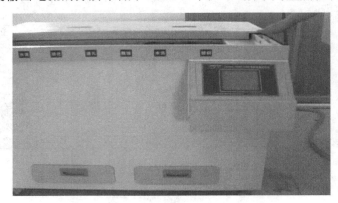

图 4-38　MHM4500 智能金属化孔机

图 4-39　金属化孔工艺效果图

小知识

黑孔化工艺

黑孔化工艺的流程为清洁整孔处理→黑孔化处理→干燥→微蚀处理→干燥→电镀铜。

黑孔化工艺的主要特点如表 4-9 所示。

表 4-9 黑孔化工艺的主要特点

序号	特点	说明
1	环保	黑孔化药水采用环保原料,不含难分解的 EDTA、EDTP 及可致癌的甲醛等有害物质,对环境污染小,废水处理简单,处理成本低
2	高效	黑孔化工艺制程缩短,大约仅为 PTH(化学沉铜)工艺时间的 1/3,生产效率显著提高
3	控制便捷	黑孔化工艺容易控制,操作简便,溶液的分析、维护、调整简单
4	综合成本低	黑孔化工艺综合经济成本比 PTH 大幅降低
5	可靠	黑孔化工艺的信赖度在很多方面全面超过 PTH(黑孔化后可以直接图形电镀,避免因闪镀而造成的效率低下及产品性能的降低)

黑孔化直接电镀工艺稳妥可靠,具有环保、高效、经济的显著优势,越来越多的 PCB 企业选择使用黑孔化直接电镀工艺代替化学沉铜工艺。

6. 线路感光层制作

线路感光层制作是将光绘制片底片上的电路图像转移到 PCB 上,具体方法有干膜工艺和湿膜工艺两种。

1)干膜工艺。干膜工艺采用自动覆膜机制作。自动覆膜机专为在覆铜板上双面均匀压贴感光干膜而设计,自动覆膜机压辊的温度、压力、速度可调,压辊选用特种合金铝辊芯,加热快且均匀,压辊表面有特殊硅胶,确保压膜均匀平实无气泡。干膜工艺示意图如图 4-40 所示。

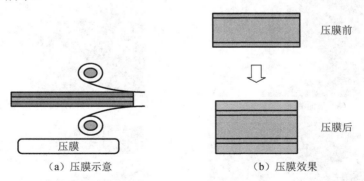

(a)压膜示意   (b)压膜效果

图 4-40 干膜工艺示意图

2)湿膜工艺。湿膜工艺使用丝印机完成感光线路层的制作,丝印机是印刷文字和图像的机器。现代印刷机一般由装版、涂墨、压印、输纸(包括折叠)等装置组成。整机具有直观、清晰、控温精度高等优点。湿膜工艺操作如图 4-41 所示。

下面以刮丝印为例呈现湿膜制作工艺过程。

① 表面清洁。将丝印台有机玻璃台面上的污点用酒精清洗干净。

（a）涂墨

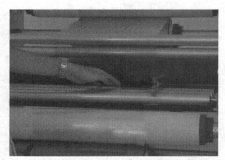
（b）压印

图 4-41 湿膜工艺

② 固定丝印框。将做好图形的丝印框固定在丝印台上，用固定旋钮拧紧。

③ 初步对位。对照刮丝印的 PCB（如顶层丝印），在丝印框上找到相应的图形，用手初步对好位，将丝印框压下来，使 PCB 紧贴有机玻璃台面，调节 PCB 的位置，尽量使 PCB 上孔的位置与丝印框上相应图形孔的位置重合，然后用胶布稍微固定一下 PCB。

④ 微调。开启对位光源，通过调节 X、Y、Z、a 方向旋钮调整 PCB 的位置，使 PCB 上的图形与丝印框上的图形完全重合。

⑤ 刮丝印油墨。在有图形区域均匀涂上一层丝印油墨，一手拿刮刀，一手压紧丝印框，刮刀以 45° 倾角顺势刮过来；揭起丝印框，即实现了一次文字印刷，如图 4-42 所示。

（a）表面清洁

（b）固定丝印框

（c）初步对位

（d）微调

图 4-42 湿膜工艺的操作流程

（e）刮丝印油墨

图 4-42 　（续）

感光线路油墨印刷效果如图 4-43 所示。

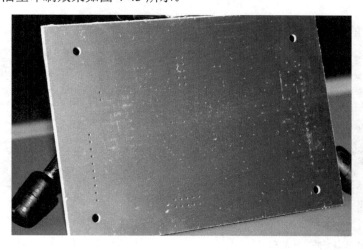

图 4-43　感光线路油墨印刷效果图

7. 图形曝光

图形曝光是利用光化学反应，将线路感光层底片上的图像精确地印制到感光板上，从而实现图像的再次转移。

曝光工艺示意图如图 4-44 所示。

曝光时白色透光部分发生光聚合反应，黑色部分因不透光，不发生反应，显影时发生反应的部分不能被溶解掉而保留在板面上。

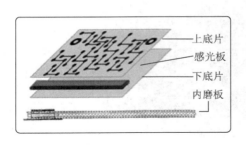
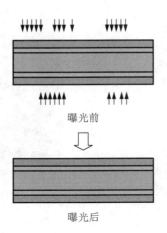

上底片
感光板
下底片
内磨板

曝光前

⇩

曝光后

图 4-44　曝光工艺示意图

实现图像的再次转移过程如图 4-45 所示。

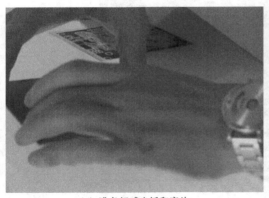

（a）准备好感光板和底片

（b）分辨正反面

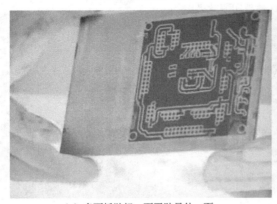

（c）多面板贴好一面再贴另外一面

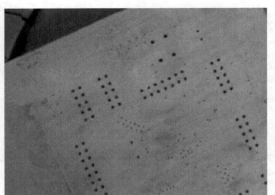

（d）取下底片，曝光完毕

图 4-45　图像的再次转移过程

图 4-46 所示为常用的 EXP3400 曝光机。

曝光后 PCB 的效果如图 4-47 所示。

图 4-46　EXP3400 曝光机

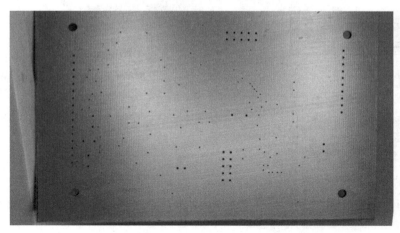

图 4-47　曝光后 PCB 的效果

8. 图形显影

显影是使 PCB 中未曝光部分的活性基团与稀碱溶液反应生成亲水性的基团（可溶性物质）而溶解下来，而曝光部分经由光聚合反应不被溶解，成为抗蚀层保护线路。

显影机是对 PCB 进行图形显影的设备，适用于水溶性干、湿膜为光致抗蚀剂的 PCB 显影，也适用于液态感光胶的显影。图 4-48 所示为显影设备。

（a）入板

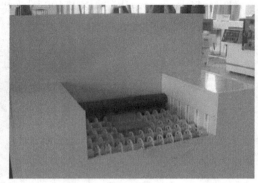

（b）出板

图 4-48　显影设备

显影图解示意图如图 4-49 所示。

图 4-50 所示为 DPM6200 全自动喷淋显影机。

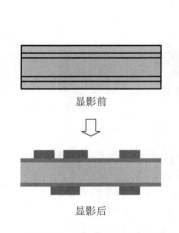

显影前

显影后

图 4-49　显影图解示意图

图 4-50　DPM6200 全自动喷淋显影机

9. 图形电镀

这里以镀锡为例介绍图形电镀及其流程。

图形镀锡是在 PCB 上镀上一层锡，用来保护线路部分（包括元器件孔和过孔）不被蚀刻液腐蚀。镀锡前，先将 PCB 进行微蚀，再用清水冲洗干净。

镀锡的好坏直接影响制板的成功率和线路的精度。将显影完毕的 PCB 的一个边缘表面的线路油墨刮除，露出导电的铜面，然后用电镀夹具将 PCB 夹好，挂在电镀摇摆框上（阴极）并拧紧。打开电源，调整好电镀电流开始电镀（最佳电镀电流为 $1.5 \sim 2A/dm^2$，最佳电镀时间为 20min）。电镀时，线路表面会有少量气泡产生，属于正常情况，如果气泡量非常大，则表示电镀电流过大，应及时调整。电流调整应遵循从小到大的规律，刚开始电镀时，应将电流调小，待电镀到总时间的 1/3 后，再将电流调节到标准电流大小。电镀完毕后，及时用水冲洗干净。在线路表面和孔内壁应有一层雪亮的锡。

图形镀锡的过程如图 4-51 所示。

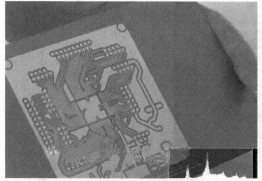
（a）准备好待镀锡的 PCB

（b）将 PCB 沉入镀锡液中

（c）设定电镀电流与电镀时间

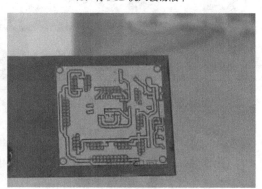
（d）电镀完成

图 4-51　图形镀锡的过程

图 4-52 所示为 CPT4200 全自动镀锡机。

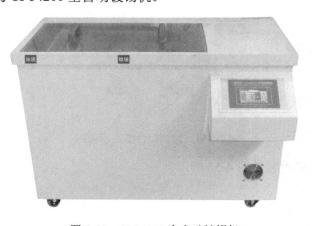

图 4-52　CPT4200 全自动镀锡机

PCB 镀锡后的效果如图 4-53 所示。

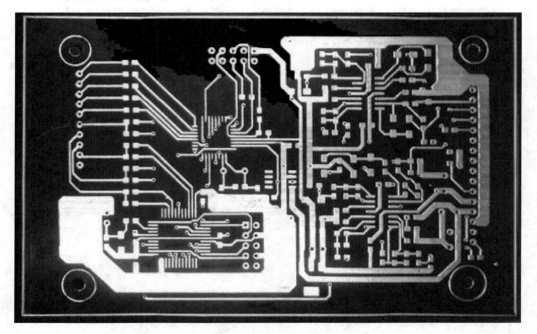

图 4-53　PCB 镀锡后的效果图

10.　图形蚀刻

图形蚀刻是指用化学的方法将线路板上不需要的铜箔除去，使之形成所需要的电路图。蚀刻腐蚀的工艺示意图如图 4-54 所示。

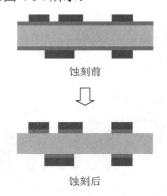

蚀刻前

⇩

蚀刻后

图 4-54　蚀刻腐蚀工艺示意图

蚀刻腐蚀的工艺过程如图 4-55 所示。

（a）蚀刻前

（b）蚀刻入板

（c）蚀刻出板

（d）蚀刻后

图 4-55　蚀刻腐蚀的工艺过程

全自动喷淋蚀刻机如图 4-56 所示。

图 4-56　全自动喷淋蚀刻机

PCB 喷淋蚀刻后的效果如图 4-57 所示。

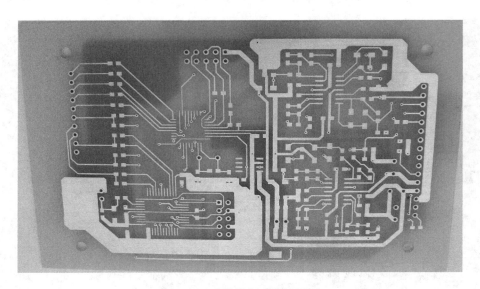

图 4-57　喷淋蚀刻后的效果图

【活动 2】PCB 的表面处理

1．阻焊层和字符层的制作

阻焊层和字符层的制作是将底片上的阻焊及字符图像转移到腐蚀好的 PCB 上，它的主要作用是防止在焊接时造成线路短路现象（如锡渣掉在线与线之间或焊接不小心等）。阻焊层和字符层的制作如图 4-58 所示。

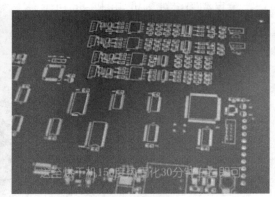

（a）制作阻焊层　　　　　　　　　　　　　　（b）制作字符层

图 4-58　阻焊层和字符层的制作

由于目前在 PCB 制作中还没有阻焊及字符干膜，因此，线路板阻焊与字符层主要采用湿膜工艺。

PCB 阻焊层和字符层制作效果如图 4-59 所示。

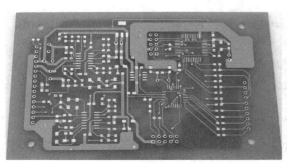

（a）阻焊层　　　　　　　　　　　　　　　（b）字符层

图 4-59　PCB 阻焊层和字符层效果

2. 焊盘处理

（1）OSP 工艺

OSP 工艺可在焊盘上形成一层均匀、透明的有机膜，该涂覆层具有优良的耐热性，可作为热风整平和其他金属化表面处理的替代工艺，用于许多表面贴装技术。OSP 工艺过程如图 4-60 所示。

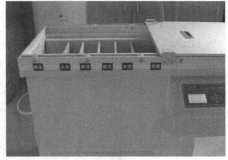

（a）夹板　　　　　　　　　　　　　　　　（b）水洗

（c）微蚀　　　　　　　　　　　　　　　　（d）工艺效果

图 4-60　OSP 工艺过程

小知识

　　OSP 工艺具有强抗热处理性能，因此能保护复杂的导通孔电路及 SMD 元件在波峰焊前需经多次回流焊处理的电路。

　　OSP 工艺可与多种最常见的波峰焊助焊剂（包括无清洁作用的助焊剂）相容，它不污染电镀金属面，是一种环保制程。

（2）OSP 的工艺流程

OSP 的工艺流程：除油→水洗 1→微蚀→水洗 2→纯水洗→成膜→水洗 3→烘干。
自动 OSP 防氧化机如图 4-61 所示。

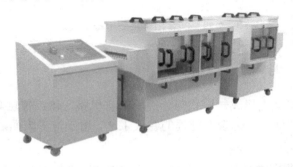

图 4-61　自动 OSP 防氧化机

PCB 焊盘经 OSP 工艺处理后的效果如图 4-62 所示。

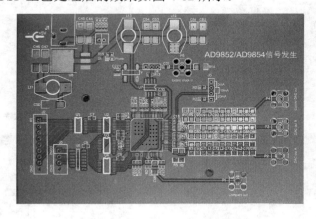

图 4-62　PCB 焊盘处理后的效果图

【活动 3】PCB 的检测与包装

1．飞针测试

飞针测试通过计算机编制程序支配步进电动机、同步带等系统，驱动探针接触到测试焊盘（PAD）和通孔，通过多路传输系统连接到驱动器（信号发生器、电源等）和传感器（数字万用表、频率计数器等）来测试 PCB 的导通与绝缘性能。图 4-63 所示为工厂飞针检测工位。

图 4-63 PCB 生产中的飞针测试工位

图 4-64 所示为 ICT6200 智能线路板测试机。

图 4-64 ICT6200 智能线路板测试机

2. 飞针测试操作具体步骤

（1）文件复制
将处理好的测试文件从工程计算机复制到测试计算机的工作目录下。
（2）看图设置基准点
1）导入文件。导入测试板文件，就会看到测试板的放置方向，将板子按放置方向固定在测试机的支架里，并用压板条将板子夹紧（用手轻微地将板左右、前后摆动，没有摆动即可）。
2）基准点操作（基准点相关说明）。
① 基准点原则：基准点设置是否合理，很大程度上影响测试效果。基准点的设置没有统一的标准要求，不同的基准点设置方法有截然不同的测试效果。例如，同一 PCB

可能直接操作成功，也可能出现较多 OPEN 假象。这里，我们根据实际经验提出一些方案供参考：各基准点分布要均匀，布点要合理；基准点要设置在测试点比较密集的地方，如 IC 位。

② 基准点要求：基准点要设在实心、大小适中且规则的焊盘上（一定要求是 flash）。方孔、圆孔也可以，但不及前者效果理想。X 点左右无线（含后面），Y 点上下无线（含后面），Z 点只限正面。

③ 基准点的设置方法：先打开基准点设置命令，如设置顶层 X 点，在 VERTICAL 和 FRONT 交叉打"√"，然后把光标移动到要设置的点上，在键盘上按"J"键即可（注意：此时基准点的符号应在 PAD 的边框上），其他点的设置方法相同。

（3）进入测试系统

1）更改测试文件目录：进入测试系统后选择 Change Board-Data DIRECTORY 选项，按 Enter 键，选择 Other DRIVE，按 Enter 键，选择 D:\，按 Enter 键，选择"需要测试的文件名"选项。

2）零点校正：每次测试前进行机器零点校正。

（4）核对基准点

核对基准点位置，确保各基准点位置准确无误。

（5）参数设置

测试参数设置合理方可测试。例如，重复单元的测试，导通电压、电流、电阻值的设定，选用测试方法等。

（6）测试功能

1）首板测试：用电容法测试时，第一块板必须要用的测试功能选项（电阻法测试的板子则不适用）。测试成功后，便可用下面的开始测板选项。

2）开始测板：当首板测试成功后，自第二块板开始电容法和电阻法测试用此功能选项。不同的是，电容法用 CONTI＋HIRAM，电阻法用 CONTI＋ISOL。

3）只测开路：根据测试需要，只测 OPEN 时的功能选项。

4）只测短路：当限于用电容法测试时，在保证开路的情况下，用此功能选项。电阻法测试不能用此功能选项。

5）复测：测试程序自动终止或是人为中途终止，要对其测试结果假象进行复测。

6）测试速度控制：测试机测试线路板时，每款板需要的时间都不一样，因为每一款板的点数和网络都不一样。测试的时间主要是根据这两项来计算的。

3．分板（V 形槽切割）和包装

分板（V 形槽切割）和包装即利用分板机完成不规则 PCB 的切割（直线、圆、圆弧），利用包装机完成 PCB 出厂前的打包。图 4-65 所示为工厂的分板和包装工艺制程。

（a）工厂半自动分板

（b）工厂自动分板

（c）PCB 成品板的打包

（d）包装好的出厂前的 PCB 成品板

图 4-65　分板和包装的工艺制程

　　线路板分板机，简称分板机，按照分板材质可分为 PCB 分板机、FPC 分板机、铝基板分板机三大类。常见的 PCB 分板机有走板式分板机、走刀式分板机和气动式分板机。在中、小规模的 PCB 生产中常用走刀式分板机，如图 4-66 所示。分板完成后，将生产好的 PCB 成品板用包装机完成出厂前的打包。

　　PCB 的包装工艺在这里不作介绍。

图 4-66　Create-VCM520 走刀式分板机

任务评价

本任务评价由三部分组成，即学生自评、小组评价和教师评价，并按照学生自评占30%、小组评价占30%、教师评价占40%计入总分，最后将各评价结果及最终得分填入表 4-10 所示的任务评价表中。

表 4-10　PCB 的工业制造工艺任务评价表

活动	考核要求	配分	学生自评	小组评价	教师评价	得分
PCB 线路形成	能简述 PCB 线路形成的十个工艺的特点、效果及工艺过程	60 分				
PCB 的表面处理	熟悉 PCB 表面处理两个工艺的特点、效果及工艺过程	20 分				
PCB 的检测与包装	了解 PCB 的检测和包装的工作过程	10 分				
安全文明操作	学习中是否有违规操作	10 分				
总分		100 分				

知识拓展

PCB 生产行业的环保要求

党的二十大报告指出：我们要深入推进环境污染防治。坚持精准治污、科学治污、依法治污，持续深入打好蓝天、碧水、净土保卫战。因此，对于 PCB 生产行业应严格执行如下环保要求。

1）做到废水的排放应时刻要稳定达标，使所有 PCB 企业具有守法意识、诚信意识、环保意识。

2）进行废水循环利用。要制定废水回用的标准，严格要求经处理后的废水回到生产线上去使用的比例。

3）大力治理 PCB 生产重金属污染问题，对排放废水中的铜和很少量的镍，按照环保排放标准进行处理，最大限度减少排放废水中的铜、镍含量，推广将废水中的这两种金属生产加工为金属泥，作为冶炼厂的原料，实现废物循环利用。

4）加强与药水厂商的合作，开发环保药水；因为环保型化学药水的废气、废水、废物排放量更少，处理容易，工作环境友好，工人的身体健康也可得到更多保障。

5）积极配合电器电子整机企业做好产品中有害物质限制使用的工作。

PCB 的拼板方式

1. 反冲模

反冲模（puch back）适用于外形较小且对于尺寸要求较高的 PCB。PCB 生产工艺复杂，在 PCB 加工厂和 PCBA 生产厂都需要昂贵的 PCB 反冲模治具，如图 4-67 所示。

图 4-67　PCB 反冲模治具

2.　V-cut 连接方式

V-cut 连接方式如图 4-68 所示。

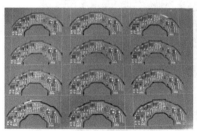

（a）V 形槽

（b）V 形槽开槽设备

（c）V 形槽局部

图 4-68　V-cut 连接方式

V-cut 适用于外形规则的 PCB，在 PCB 加工和 PCBA 的分板操作上最为简单，但是有如下限制。

1）V 形槽一般都是上下面都开槽，深度为 1/3 板厚，但是最小深度要满足 0.25mm，否则影响 PCBA 分板时的定位。

2）中间连接部位一般至少要 0.5mm，否则强度不够，SMT 回流焊中容易造成变形。

3）基于以上两点，低于 1mm 的板子一般不建议做成 V-cut 连接，常常采用邮票孔连接。

4）V-cut 连接在 PCB 工厂的成型方式是将 PCB 推入上下两片调好间隙的旋转切刀中，因此，切割好的成品一定是从头到尾，很难做到选择区域切割，如图 4-69 所示。

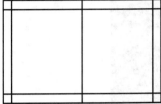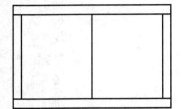

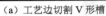

（a）工艺边切割 V 形槽　　　　　（b）工艺边不切割 V 形槽

图 4-69　选择区域切割示意图

V-cut 区域性切割实例如图 4-70 所示。

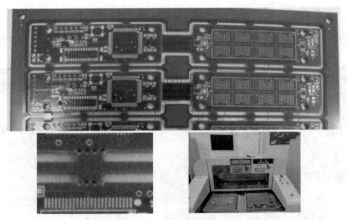

图 4-70　V-cut 区域性切割实例

3．邮票孔

邮票孔如图 4-71 所示。

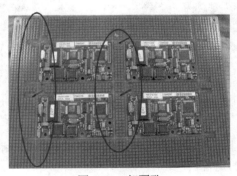

图 4-71　邮票孔

邮票孔往往适用于外形不规则或者不适合采用 V-cut 连接方式的 PCB，分板操作需要分板夹具，往往每小片单板之间至少有 4 个连接孔，分板费时（分割一个点往往在 2s 左右），设计的基本要求如下。

1）注意搭边应均匀分布在每块拼板的四周，以避免焊接时因 PCB 受力不均匀而变形。

2）邮票孔的位置应靠近 PCB 的内侧，以防止拼板分离后邮票孔处残留的飞边影响客户的整机装配。

3）邮票孔的连接数一般以 3～5 个为宜，太少容易导致生产过程中 PCB 连接处断裂，太多容易导致分板过程中铣刀的断裂，如图 4-72 所示。

图 4-72　邮票孔的连接数

自我测试与提高

1. 填空题

（1）企业 PCB 生产工艺可分为_____、_____、_____、_____、_____、_____。

（2）PCB 线路的形成涵盖_____、_____、_____、_____、_____、_____、_____、_____、_____、_____十个生产工艺。

（3）PCB 的表面处理包括_____、_____两个生产工艺过程。

2. 简答题

（1）什么是光绘？简述其工作过程。

（2）简述湿膜工艺的制作过程。

（3）简述金属化孔的工艺制作过程。

项目 5

装联焊接工艺

装联焊接工艺是制造电子产品的重要环节之一，如果没有相应的焊接工艺质量保证，任何一个设计精良的电子产品都难以达到设计要求。在电子产品的研发、试制、革新的过程中制作一两块电路板，通常采用手工装焊。而在电子产品生产企业的大量生产中，从元器件的筛选测试，到电路板的装配焊接，都是由自动化机械来完成的，如自动测试机、元件清洗机、搪锡机、整形机、插装机、波峰焊机、SMT、剪腿机、PCB 清洗机等。这些由计算机控制的生产设备，在现代化的大规模电子产品生产中发挥了重要作用，有利于保证工艺条件和装焊操作的一致性，提高产品质量。本项目将重点介绍 PCB 的自动焊接技术和 SMT（surface mount technology，表面贴装技术）。

知识目标

1）了解焊接工艺的重要性。
2）了解自动焊接工艺的工作流程及岗位特点。
3）了解 SMT 工艺的工作流程及岗位特点。
4）认识波峰焊接工艺与 SMT 工艺的异同。

技能目标

1）掌握自动焊接技术的操作方法。
2）能装配简单的电子产品。

情感目标

1）培养学生严谨的科学态度，以及勤于思考、团结协作、吃苦耐劳等品质。
2）培养学生自律、守纪、忠实的品质。
3）通过实际动手操作，激发学生浓厚的学习兴趣。

任务 1 自动化焊接工艺

生活中来

我们生活中使用的许多电子产品，如手机、平板电脑、计算机、机顶盒、无线路由器等都是通过波峰焊接或 SMT 生产出来的。从对上述电子产品的使用情况调查来看，波峰焊接或 SMT 已经相当成熟，在电子产品生产企业得到广泛应用。

任务描述

本任务主要完成四个活动内容，即焊接技术的定义、种类及自动焊接的发展过程，自动化焊接技术，波峰焊接技术，以及自动化焊接技术质量的鉴别。其中，自动化焊接技术为重点学习内容。自动化焊接工艺知识任务单如表 5-1 所示，请根据实际完成情况填写。

表 5-1 自动化焊接工艺知识任务单

序号	活动名称	计划完成时间	实际完成时间	备注
1	焊接技术的定义、种类及自动焊接的发展过程			
2	自动化焊接技术			
3	波峰焊接技术			
4	自动化焊接技术质量的鉴别			

任务实施

【活动 1】焊接技术的定义、种类及自动焊接的发展过程

1. 焊接技术

（1）焊接的定义

焊接是指通过加压或加热或两种方法兼用，使焊件达到原子结合的一种加工方法，焊件之间可以用也可以不用填充材料。

（2）焊接的本质

焊接的本质即使两个分离的物体产生原子结合，使之连成一体。

【背景介绍】
焊接技术是随着金属的应用而出现的。古代的焊接方法主要是铸焊、钎焊和锻焊。20 世纪 50 年代，第一台波峰焊接机的诞生，标志着电子产品大规模生产的到来。在此基础上发展而来的 SMT 将电子产品大规模生产推向了新的高峰。

锡焊是利用低熔点的金属焊料锡加热熔化后，渗入并充填金属件连接间隙的焊接方法。因焊料常为锡基合金，故名锡焊。手工焊接通常用烙铁作为加热工具，广泛用于电子工业制造中。

2. 焊接技术的种类

焊接技术的种类及说明如表 5-2 所示。

表 5-2　焊接技术的种类及说明

序号	名称	说明	图片
1	熔焊	熔焊是指对需要焊接的工件进行加热使其局部熔化形成熔池，待熔池冷却凝固后工件便焊接在一起的方法（特殊情况可加入熔焊填充物进行辅助焊接），如电弧焊	
2	压焊	压焊是指需要焊接的工件在压力的作用下结合在一起的过程，如锻焊、接触焊、摩擦焊、气压焊、冷压焊、爆炸焊等	
3	钎焊	钎焊是采用比母材熔点低的金属材料作为钎焊料，利用液态钎焊料润湿母材，填充间隙，并与母材互相扩散实现的焊接方法，如手工锡焊、波峰焊、回流焊等	软钎焊　硬钎焊

3. 自动化焊接技术的发展过程

自动化焊接技术是伴随电子技术的产生和发展而诞生的。在电子技术发展的电子管时代，制造电子产品要靠手工焊接完成组装。20 世纪 40 年代，PCB 的出现使电子产品的体积大幅缩小，同时为电子产品大规模生产提供了可能；20 世纪 50 年代初，英国研制出了第一台波峰焊接机，标志着电子产品大规模生产的到来，对电子工业的发展做出了巨大的贡献。在此基础上，SMT 于 20 世纪 60 年代初问世，经过多年的发展，现已成为电子产品生产的主流，并向技术纵深发展。

【活动2】自动化焊接技术

1. 认识自动化焊接技术

（1）自动化焊接技术的含义

自动化焊接技术主要是指产品的生产过程中焊接的自动化程度。它是一个综合性的焊接与工艺流程，主要任务是：在现代电子产品生产工艺的基础上，建立不需要人直接参与的焊接加工方法和工艺流程，同时完善焊接机械设备和焊接系统的结构与配置。

（2）自动化焊接技术的核心及内容

1）自动化焊接技术的核心。自动化焊接技术的核心是实现没有人直接参与的自动焊接工艺过程。

2）自动化焊接技术的内容。自动化焊接技术包含两个方面的内容：一是焊接工序的自动化；二是焊接生产的自动化。单一焊接工序的自动化是焊接生产自动化的基础。焊接生产的自动化是指焊接产品的生产过程，包括由备料、切割、装配、焊接、检验等工序组成的焊接生产全过程的自动化。只有实现了焊接生产全过程的自动化，才能得到稳定的焊接质量和均衡的焊接生产节奏，以及较高的焊接生产率。

（3）自动化焊接的意义

实现自动化焊接具有重大意义。自动化技术的实现可以使人从原来繁重的体力劳动及恶劣危险的工作环境中摆脱出来。焊接自动化的普及，使原来的一些焊接工人可以接受更新型的技术，不仅可以提高工作效率，还可以增强工人接受新兴事物的能力。自动化已经应用到了各行各业，自动化工业、自动化农业比比皆是，某些程度上，自动化程度体现一个国家的国力。

2. 自动化焊接的主要设备及技术特点

（1）自动化焊接的关键技术及设备

自动化焊接的关键技术及设备如表5-3所示。

表5-3 自动化焊接的关键技术及设备

自动化焊接的关键技术	设备	说明
机械技术	焊接工装夹具、焊接工件输送装置、焊接机器人、焊接变位机、焊接操作机等	在焊接自动化中，焊接机械装置主要由焊接工装夹具、焊接变位机、焊接操作机、焊接工件输送装置及焊接机器人等组成。焊接机械技术就是根据焊接工件的结构特点和焊接工艺过程的要求应用经典的机械理论与工艺，借助计算机辅助技术，设计并制造出先进、合理的焊接装置，实现自动焊接过程中PCB的自动传输
传感技术	红外线传感器、温度传感器、位移传感器、位置传感器、速度传感器、角度传感器等	传感技术是自动化系统的感受器官。传感与检测是实现闭环自动控制、自动调节的关键环节。传感器的功能越强，系统的自动化程度就越高。焊接自动化中的传感器有很多种，有关机械运动量的传感器主要有位移、位置、速度、角度等传感器
伺服传动技术	电动机或液压、气动装置等	执行装置的控制技术称为伺服传动技术。伺服传动技术主要完成对系统的动态性能、质量和功能的控制

自动化焊接的关键技术	设备	说明
自动控制技术	计算机、单片机、可编程控制器及电子控制系统	焊接自动化中的自动控制技术主要指：在控制理论的指导下，根据焊接工艺和质量的要求，对具体的控制装置或系统进行设计，对设计后的系统进行仿真、现场调试，最终使研制的系统可靠地投入焊接工程应用
系统技术	焊接电源、送丝机、焊枪	系统技术就是以整体的概念组织应用各种相关技术。从系统的目标出发将整个焊接自动化系统分解成若干个相互关联的功能单元。以功能单元为子系统进一步分解，生成功能更为单一的子功能单元，逐层分解，直到最基本的功能单元。以基本功能单元为基础，实现系统需要的各个功能设计

（2）自动化焊接技术的特点

1）标准化、通用化、系列化。在生产企业大批量生产中常见的接头形式，如板材接缝、筒体环缝、圆筒环缝、管对接和管子管板接头等，现在已经开发出适合多数企业使用的标准自动化焊接机。这种焊接机械具有焊接效率高、质量稳定的优点。

2）多功能化。自动化焊接设备已设计成适用于多种焊接方法和焊接工艺的设备。

3）智能化控制和自适应性。焊接过程的全自动控制比传统的金属切削加工要复杂得多。全自动控制必须考虑焊件接缝装配间隙误差、几何形状的偏差，以及焊件在焊接过程中的热变形。所以，我们需要采用各种自适应控制系统和传感器技术。

4）组合化和大型化。现在已研制成功多种大型自动化焊接设备，如中重型厚壁容器焊接中心、机床车厢总装焊接中心、集装箱外壳整体焊接中心等。

5）高质量、高精度、高可靠性。自动化焊接设备现在已向高质量、高精度、高可靠性升级和延伸。

3. 自动化焊接技术的发展趋势

在电子产品不断更新的现在，针对不同客户的需求，已设计出不同的自动化焊接系统。随着工业的变革，自动化焊接技术呈现出了如下趋势。

（1）自动化焊接技术的精密高效化

在电子产品的生产过程中，生产企业要求自动化焊接系统能够高效地处理系统中的信息，系统中各个模块响应迅速，系统中各个部件都应能够长期稳定地运行。

（2）自动化焊接技术的智能化

自动化焊接设备使用了很多如视觉、激光、传感、图像处理、检测、计算机等智能控制技术，不但可以通过指令的控制完成整个焊接过程，还可以根据不同焊接对象呈现出的特点调整焊接的参数，实现精准焊接。

（3）自动化焊接技术的柔性化

自动化焊接技术的柔性化就是要求同一台设备实现同种类型工件、不同种类型工件，以及不同规格工件的自动化焊接加工，不但要求精确度高，而且要求系统具有可重复利用性。焊接自动化装备广泛采用现代化技术，实现多品种产品的柔性化生产，只有实现制造系统的柔性化设计，才能更好地提高设备的生产效率。

（4）自动化焊接技术的网络化

计算机技术的飞速发展，以及智能化接口、远程通信技术的不断升级换代，为焊接自动化技术和通过网络技术实现对生产自动化系统的一体化控制，提供了相关技术支持。在自动化系统中将焊接过程、质量信息、生产管理等信息通过网络实现远程管理，这样可以增加操作的方便程度和安全程度，不管是编程、监控，还是检修、诊断，都可以实现远距离的操作。

（5）自动化焊接技术的人性化

随着计算机技术的发展，在一些检测系统中已经广泛应用了人机交互、控制参数等数字显示技术，焊接自动化系统也不例外。焊接自动化装备也采用了数字化、图形化的操作界面，在人机交互方面更加方便和简单，不再要求工人具有太多专业技术，工人只要经过简单培训，都可以对系统进行操作和管理。这样的系统不仅减少了投入的成本，而且增加了可操作性。

【活动3】波峰焊接技术

1. 认识波峰焊接技术

（1）浸焊技术

浸焊是指让插好元器件的 PCB 水平接触浸焊设备中熔化的铅锡焊料，使电路板上的全部元器件同时完成焊接的技术，其操作如图 5-1 所示。

图 5-1　浸焊技术操作图

（2）波峰焊接技术的含义

波峰焊接技术是在浸焊技术的基础上发展而来的。波峰焊接技术是指借助电动泵或电磁泵将熔化的液态焊料（铅锡合金）喷流出来，使焊料槽里的焊料（液态锡）形成一道道凸出的类似波浪的形状，将插件板（PCB）的焊接面置于传送链上，经过特定的斜面角度及一定的浸入深度穿过焊料波峰面而实现插件板焊接的过程。波峰焊接过程和波峰焊接系统分别如图 5-2 和图 5-3 所示。

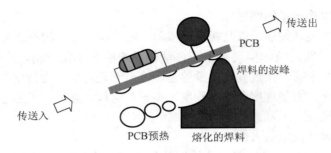

图 5-2　波峰焊接过程

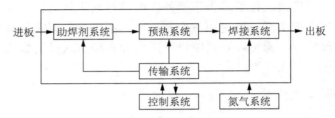

图 5-3　波峰焊接系统

（3）波峰焊接技术的特点

由于 PCB 与波峰顶部接触，无任何氧化物和污染物，因此焊接质量较高，并且能实现大规模生产。

（4）波峰焊接技术的分类

1）按波峰形式可分为单波峰焊接和双波峰焊接。

2）按助焊剂的主要使用方式分为发泡式和喷雾式。

（5）波峰焊接技术的系统简介

1）波峰焊接技术系统的组成。波峰焊接系统主要由传送带系统、助焊剂涂敷系统、预热系统、焊接系统和冷却系统组成，如图 5-4 所示。

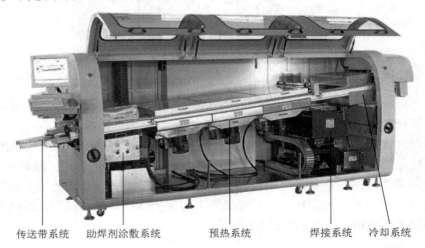

图 5-4　波峰焊接技术系统的组成

2）波峰焊接机各组成部分的作用。波峰焊接机主要由传送运输带、助焊剂添加区、预热区、波峰焊接区（锡炉区）组成，其各部分的作用如表 5-4 所示。

表 5-4 波峰焊接机各组成部分的作用

波峰焊接机组成部分	作用
传送运输带	将电路底板送入波峰焊接机，沿途经过助焊剂添加区、预热区、波峰焊接区等
助焊剂添加区	主要由红外线感应器及喷嘴组成。红外线感应器的作用是感应有没有电路底板进入，如果感应到电路底板进入，便会量出电路底板的宽度。助焊剂的作用是在电路底板的焊接面上形成保护膜
预热区	提供足够的温度，有红外线发热，可以使电路底板受热均匀以便形成良好的焊点
波峰焊接区	让插装或贴装好元器件的 PCB 与熔化焊料的波峰接触，实现连续自动焊接

2. 波峰焊接技术的工作过程

（1）电子产品元器件的整形、插装和校准

在波峰焊接前要对电子产品元器件进行整形、插装和校准，完成后由传送带送入下一道工序。波峰焊接前的校准如图 5-5 所示。

图 5-5 波峰焊接前的校准

（2）传送

经过整形、插装和校准的 PCB 在传送带夹具的固定下引导进入波峰焊接机的助焊剂涂敷工序，如图 5-6 所示。

图 5-6 PCB 引导进入波峰焊接机

（3）涂敷助焊剂

在传送带的引导下，从波峰焊接机的入口端向前运行，当通过焊剂发泡（或喷雾）槽时，PCB下表面的焊盘、所有元器件端头和引脚表面被均匀地涂敷上一层薄薄的焊剂。发泡法设备示意图如图5-7所示，喷涂法设备示意图如图5-8所示。

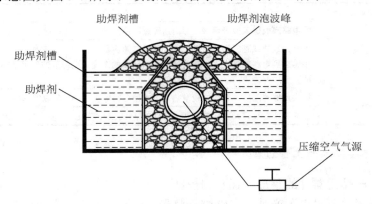

图5-7　发泡法设备示意图

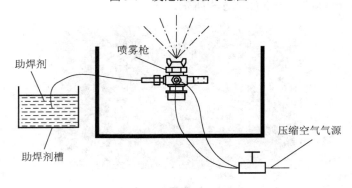

图5-8　喷涂法设备示意图

（4）预热

随着传送带的运行，PCB进入预热区，焊剂中的溶剂被挥发掉，焊剂中松香和活性剂开始分解和活性化，PCB焊盘、元器件端头和引脚表面的氧化膜及其他污染物被清除；同时，PCB和元器件得到充分预热。预热内部图及设备实物图如图5-9所示。

（5）波峰焊接

在完成预热后，PCB在传送带的引导下继续向前运行，PCB的底面首先通过第一个熔融的焊料波，第一个焊料波是乱波（振动波或紊流波），如图5-10（a）所示。将焊料打到PCB底面所有的焊盘、元器件焊端和引脚上，熔融的焊料在经过焊剂净化的金属表面上进行浸润和扩散。之后，PCB的底面通过第二个熔融的焊料波，第二个焊料波是平滑波（宽平波），平滑波将引脚及焊端之间的连桥分开，并去除拉尖（冰柱）等焊接缺陷。当PCB继续向前运行离开第二个焊料波后，自然降温冷却形成焊点，即完成焊接。波峰焊接示意图及实物图如图5-10所示。

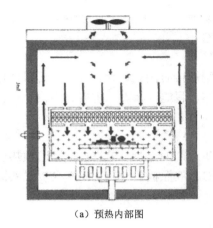 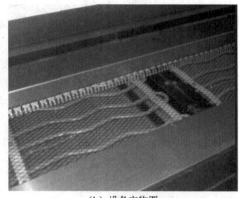

（a）预热内部图　　　　　　　　　　　　　（b）设备实物图

图 5-9　预热内部图及设备实物图

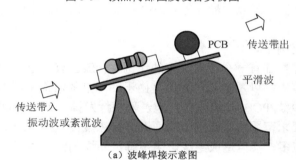

（a）波峰焊接示意图

（b）波峰焊接实物图

图 5-10　波峰焊接示意图及实物图

3. 影响波峰焊接质量的因素

（1）焊炉产生波峰的高度

在工作时，波峰高度要保持平稳，且波峰高度以达到线路板厚度的 1/2～2/3 为宜。波峰高度过高，会造成焊点拉尖，堆锡过多，也会使锡溢至元器件面烫伤元器件；波峰过低则会造成漏焊和挂锡。

（2）PCB 焊接的温度

PCB 焊接温度是指被焊接处与熔化的焊料相接触时的温度。温度过低，会使焊点毛糙，不光亮，造成虚焊、假虚及拉尖；温度过高，易使 PCB 变形，还会给焊盘及元器件带来不好的影响，一般温度应控制在（245±5）℃。

（3）传送带的速度与角度

传送带的速度决定着焊接时间。若速度过慢，则焊接时间长，对 PCB 与元器件造成损伤；若速度过快，则焊接时间过短，易造成虚焊、假虚、漏焊、桥接、堆锡、产生气泡等现象。焊接接触焊料的时间以 3s 左右为宜。

（4）PCB 的预热温度

预热温度恰当可减小 PCB 的曲翘变形，提高助焊剂的活性。在 PCB 经过预热区时要求 PCB 的焊点面温度达到：单面板为 80～90℃；双面板为 90～100℃（板面实际温度）。

（5）焊料的组成成分

进行 PCB 焊接作业时，板子或零件脚上的金属杂质会进入焊料，可能使焊点焊接不良或者焊后锡点不亮，所以，最好每隔三个月检查一次锡炉中焊锡的成分，控制其在标准范围内。

（6）助焊剂的比例

不同型号的助焊剂都有一个相对稳定的比例，一般会有一个控制范围，要求在使用过程中保持在此范围内。以发泡工艺为例，由于助焊剂的溶剂采用的是醇类有机溶剂，这类溶剂会在使用中被 PCB 带走或在发泡过程中挥发掉，使助焊剂比例升高，此时应加入稀释剂调配到要求范围内。比例太高即助焊剂浓度高，易出现板面残留物增多，连焊、包锡等不良焊点多，甚至造成绝缘电阻下降；助焊剂比例过低易造成焊接不良，出现焊点拉尖、锡桥、虚焊等现象。

【活动 4】自动焊接技术质量的鉴别

1. 电子元件焊接质量的要求

1）可靠的电气连接。

2）足够的机械强度。

3）光洁整齐的外观（良好的焊点要求焊料用量恰到好处，表面圆润，有金属光泽）。

4）电路板的全板焊点质量鉴别：

① 有没有漏焊。

② 有没有焊料拉尖。

③ 有没有焊料引起导线间短路（即所谓"桥接"）。

④ 有没有损伤导线及元器件的绝缘层。

⑤ 有没有焊料飞溅。

2. 常见 PCB 上的问题焊点分析

1）焊点是否均匀、光滑、饱满。

2）高度是否超过 2mm。

3）焊点是否焊接不良。

标准焊点实物如图 5-11 所示。

图 5-11　标准焊点实物图

3. PCB 上的问题焊点分析

PCB 上的问题焊点分析如表 5-5 所示。

表 5-5　PCB 上的问题焊点分析

问题焊点	实物图	示意图	示意图说明	问题焊点的形成原因分析
虚焊			焊锡与铜箔之间有明显的黑色界线,焊锡向界线凹陷	使用的助焊剂质量不好,焊盘氧化,焊接时间短
焊料堆积			焊点呈白色、无光泽,结构松散	焊料质量不好,焊接温度不够,在焊料未凝固时元器件引脚松动
焊料过多			焊点表面向外凸出	上锡时间过长,上锡过多
焊料过少			焊点面积小于焊盘的 80%,焊料未形成平滑的过渡面	焊料流动性差,焊接时间短,助焊剂不足
松香焊			焊缝中夹有松香渣	助焊剂过多、失效,焊接时间不足,焊接温度不够,表面氧化膜残留
过热			焊点发白,表面较粗糙,无金属光泽	焊接温度过高,焊接时间过长

续表

问题焊点	实物图	示意图	示意图说明	问题焊点的形成原因分析
冷焊			表面呈豆腐渣状颗粒,可能有裂纹	焊料未凝固前元器件产生抖动,焊接时间不足
浸润不良			焊料与焊件交界面接触过大,不平滑	焊件清理不干净,助焊剂质量不好、不足,焊件预热不够
不对称			焊锡未流满焊盘	焊料流动性差,助焊剂不足或质量差,焊接时间短
松动			导线或元器件引线移动	焊料未凝固前移动元器件引脚形成空隙,氧化膜处理不干净,焊接时间短
拉尖			焊点出现尖端	助焊剂过少,焊接时间过长,上锡方向不对
桥接			相邻导线连接	焊接预热温度不足,焊接后期助焊剂失效,PCB 脱离波峰面过快,PCB 的传送方向不对,波峰面不稳有滞流
针孔			目测或低倍放大镜可见焊点有孔	引线与焊盘孔的间隙过大,焊丝不纯,PCB 有水汽,强度不足,焊点腐蚀
气泡			引线根部有喷火式焊料隆起,内部藏有空洞	引线与焊盘孔的间隙过大,引线浸润性不良,铬铁温度不够,双面板堵通孔焊接时间长,孔内空气膨胀,助焊剂中含有水分,焊接温度高
铜箔翘起			铜箔从 PCB 上剥离	焊接时间太长,温度过高;元件受到较大力挤压

续表

问题焊点	实物图	示意图	示意图说明	问题焊点的形成原因分析
剥离			焊点从铜箔上剥落（不是铜箔与 PCB 剥离）	焊盘上金属镀层氧化，焊接温度低

任务评价

本任务评价由三个部分组成，即学生自评、小组评价和教师评价，并按照学生自评占 30%、小组评价占 30%、教师评价占 40%计入总分，最后将各评价结果及最终得分填入表 5-6 所示的任务评价表中。

表 5-6 自动焊接工艺任务评价表

活动	考核要求	配分	学生自评	小组评价	教师评价	得分
焊接技术的定义、种类及自动焊接的发展过程	知道焊接技术及其种类，以及自动焊接的发展过程	10 分				
自动化焊接技术	了解自动化焊接技术的特点、结构及组成	10 分				
波峰焊接技术	知道波峰焊接技术的工作流程及工作特点	40 分				
自动焊接技术质量的鉴别	能够进行焊接技术焊点的质量鉴别及问题焊点的成因分析	30 分				
安全文明操作	学习中是否有违规操作	10 分				
总分		100 分				

知识拓展

THT 工艺技术

通孔插装技术（through hole technology，THT）是将零件安置在板子的一面，并将接脚焊在另一个面上，这种技术要为每只接脚钻一个洞，所以，它们的接脚其实占掉两面的空间，而且焊点也比较大。在大多数不需要小型化的产品上仍然在使用穿孔（TH）或混合技术线路板，如电视机、家庭音像设备及数字机顶盒等，因此需要用到波峰焊。

THT 的工艺流程如下。

1. 插件

插件包含元器件引线成型、PCB 贴阻焊胶带（视需要）、插装元器件，可由人工插件或自动插件，所用设备为自动插件机。

2. 波峰焊

波峰焊是指将熔化的软钎焊料（铅锡合金），经电动泵或电磁泵喷流成设计要求的焊料波峰（亦可通过向焊料池注入氮气来形成），使预先装有元器件的 PCB 通过焊料波峰，实现元器件焊端或引脚与 PCB 焊盘之间机械和电气连接的软钎焊，所用设备为波峰焊机。

3. 剪脚

剪脚的作用是切除多余插件脚，所用设备为剪脚机。

自我测试与提高

1. 填空题

（1）焊接的种类有_____、_____、_____。
（2）自动化焊接技术的特点有_____、_____、_____、_____、_____。
（3）波峰焊接机由_____、_____、_____、_____组成。
（4）PCB 上标准焊点的特征是_____、_____、_____。

2. 简答题

（1）简述焊接技术的含义。
（2）简述波峰焊接技术的含义。
（3）简述波峰焊接技术的工作过程。
（4）简述自动化焊接技术的发展趋势。

任务 2　SMT

生活中来

SMT 与我们的生活息息相关，生活中常见的精密电子产品，如智能手机、无线路由器、数码相机、智能电视机、平板电脑及许多数字电子产品都是由 SMT 生产线生产出来的。

任务描述

本任务主要完成 SMT 的四个活动，即：SMT 及相关技术的组成；SMT 的作用、特点及安装方式；SMT 的工作流程及各工序的功能；SMT 质量的鉴别。其中，SMT 的特点、各工序的功能，SMT 工作流程为重点学习内容。SMT 知识任务单如表 5-7 所示，请根据实际完成情况填写。

表 5-7 SMT 知识任务单

序号	活动名称	计划完成时间	实际完成时间	备注
1	SMT 及相关技术的组成			
2	SMT 的作用、特点及安装方式			
3	SMT 的工作流程及各工序的功能			
4	SMT 质量的鉴别			

任务实施

【活动1】SMT 及相关技术的组成

1. SMT 的含义

SMT 是由混合集成电路技术发展而来的新一代电子装联技术，是一种将无引脚或短引线表面贴装组件（surface mounted devices, SMD）安装在 PCB 的表面或其他基板的表面上，通过回流焊或浸焊等方法加以焊接组装的电路装联技术。

在电子线路板生产的初级阶段，过孔装配完全由人工来完成。首批自动化机器推出后，它们可放置一些简单的引脚元件，但是复杂的元件仍需要手工放置才能进行波峰焊。

2. SMT 有关的技术组成

SMT 不是一种单一的技术，在电子产品制造中是许多技术的总和。SMT 由表面贴装技术、表面组装设备、表面组装元器件、SMT 管理等构成。其中，表面组装元器件（surface mounted components, SMC）主要有矩形片式元器件、圆柱形片式元器件、复合片式元器件和异形片式元器件。SMT 主要由以下技术组成。

1）电子元器件、集成电路的设计制造技术。

2）电子产品的电路设计技术。

3）PCB 的制造技术。

【背景介绍】

SMT 于 1963 年在美国产生，最初出现的是表面贴装元器件和表面贴装集成电路，主要应用于军事、航空航天等尖端产品，后来逐渐用于消费类电子产品。由于 SMT 发展迅猛，因此它的出现被誉为电子产品组装技术的一次革命。

我国在 20 世纪 80 年代初期从美国、日本成套引进 SMT 生产线用于电子产品的生产，经过近 40 年的快速发展，已成为 SMT 产业大国，发展前景非常广阔。

4）自动贴装设备的设计制造技术。

5）电路装配制造工艺技术。

6）装配制造中使用的辅助材料的开发生产技术。

3. SMT 的发展趋势

1）电子产品追求小型化：小型化的要求使得以前使用的穿孔插件元器件已无法满足需要，而表面贴装技术很好地解决了这个问题。

2）电子产品功能更完整：由于集成电路（IC）引脚众多，已无法做成传统的穿孔元器件，特别是大规模、高集成电路，不得不采用表面贴片元器件的封装。

3）产品批量化、生产自动化：企业要以低成本达到高产量，出产优质产品以迎合顾客需求及加强市场竞争力。

4）电子元件的发展，集成电路的开发，半导体材料的多元应用。

5）满足电子产品的高性能及更高装联精度要求。

【活动 2】SMT 的作用、特点及安装方式

1. SMT 的作用

采用 SMT 生产电子产品的作用主要表现在以下几个方面。

1）使生产的电子产品质量轻、小型化、微型化。电子产品体积缩小 40%～60%，质量减轻 60%～80%。

2）在电子产品生产中大量采用大规模、高集成的贴片元器件，使产品功能更完整、更强大。

3）采用 SMT 生产的电子产品可靠性高、抗震能力强、焊点缺陷率低。

4）SMT 使生产的电子产品的自动化程度更高。

5）在电子产品生产中使用的材料成本低（SMT 元器件比 THT 元器件价格低），增强市场竞争力。

6）采用 SMT 生产的电子产品工序减少（减少了 THT 生产中的整型、打弯、剪脚等工序），进一步降低了产品的成本。

2. SMT 的特点

根据总结的 SMT 在电子产品生产中的作用，可知 SMT 在电子产品生产中主要体现如下特点。

1）微型化程度高，功能强大。

2）高频特性好，抗干扰能力强。

3）有利于自动化生产。

4）简化了生产工序，降低了成本。

3. SMT 的安装方式

SMT 在电子产品生产过程中有三种安装方式：全部采用表面安装工艺、双面混合安装、两面分别安装，具体的内容如下。

（1）全部采用表面安装工艺

在电子产品生产过程中，PCB 上没有通孔插装元器件，只有各种 SMD 和 SMC 被贴装在 PCB 的一面或两面，如图 5-12 所示。这种 PCB 的价格便宜、体积小，能够充分体现出 SMT 的技术优势与竞争力。

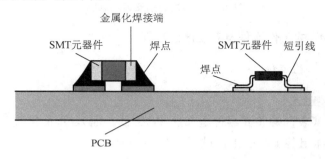

图 5-12 全部采用表面安装工艺示意图

（2）双面混合安装

在电子产品生产过程中，在 PCB 的 A 面（也称元件面）上既有 THT（THT，through hole technology，通孔插装）元器件，又有各种 SMT 元器件；在 PCB 的 B 面（也称焊接面）上，只装配体积较小的 SMD 晶体管和 SMC 元件，如图 5-13 所示。因为它们不仅发挥了 SMT 贴装的优点，同时还可以解决某些元器件至今不能采用表面装配形式的问题。

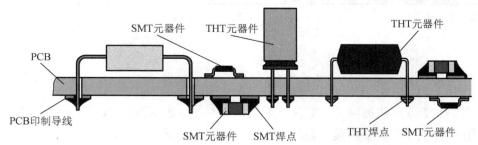

图 5-13 双面混合安装示意图

（3）两面分别安装

两面分别安装即在 PCB 的 A 面上只安装 THT 元器件，而小型的 SMT 元器件贴装在 PCB 的 B 面上，如图 5-14 所示。这种安装方式除了要使用贴片胶把 SMT 元器件粘贴在 PCB 上外，其余和传统的通孔插装方式的区别不大，特别是可以利用现在已经比较普及的波峰焊设备进行焊接，工艺技术上也比较成熟；而前两种装配结构一般都需要添加回流焊设备。

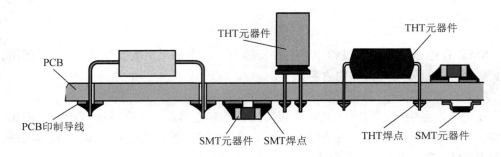

图 5-14　两面分别安装示意图

【活动 3】SMT 的工作流程及各工序的功能

1. SMT 生产工艺流程

（1）表面贴装工艺

1）单面组装（表面贴装元器件全部在 PCB 的一面）。单面组装工艺的工作流程如图 5-15 所示。单面组装工艺的工作过程如图 5-16 所示。

图 5-15　单面组装工艺的工作流程图

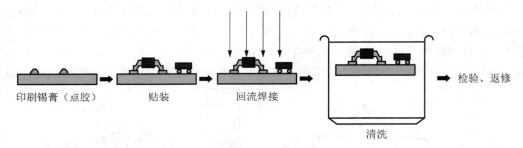

图 5-16　单面组装工艺的工作过程图

2）双面组装（表面贴装元器件分别在 PCB 的 A、B 两面）。双面组装工艺的工作流程如图 5-17 所示。双面组装工艺的工作过程如图 5-18 所示。

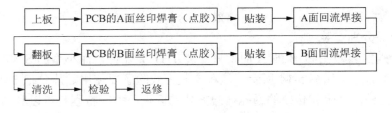

图 5-17　双面组装工艺的工作流程图

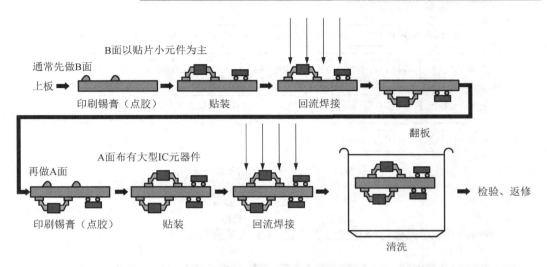

图 5-18 双面组装工艺的工作过程图

（2）混装工艺

1）单面混装工艺（插件和表面贴装元器件都在 PCB 的 A 面）。混装工艺的工作流程如图 5-19 所示。混装工艺的工作过程如图 5-20 所示。

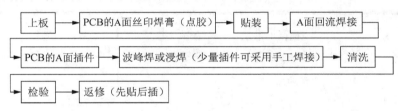

图 5-19 单面混装工艺的工作流程图

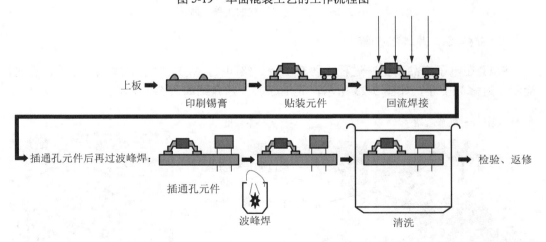

图 5-20 单面混装工艺的工作过程图

2）双面混装工艺（表面贴装元器件在 PCB 的 A、B 面，插件在 PCB 的 A 面）。双面混装工艺的工作流程如图 5-21 所示。双面混装工艺的工作过程如图 5-22 所示。

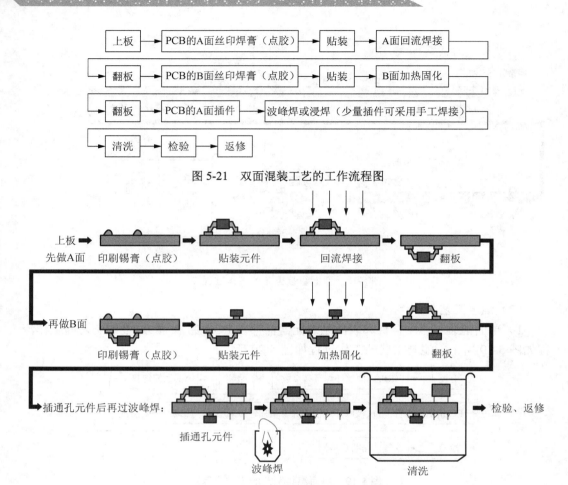

图 5-21　双面混装工艺的工作流程图

图 5-22　双面混装工艺的工作过程图

2．SMT 各工序工艺介绍

SMT 在电子产品的生产过程主要有上板、丝印（点胶）、贴装、固化、焊接、清洗、检测、返修等工序，如图 5-23 所示。其工序、工艺介绍如表 5-8 所示。

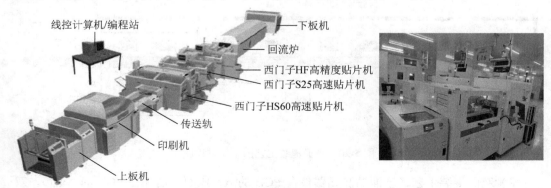

图 5-23　电子产品生产过程示意图（及 SMT 实物图）

表 5-8 电子产品生产工序、工艺介绍

序号	SMT工序	设备（实物图）	工艺介绍
1	上板		上板机是指贴片生产线上的全自动上料（PCB）机，摆放在贴片线首位，即贴片机前。主要功能是接收到下位机要板信号后，从PCB料架上一件一件地推出PCB。料架结构：进出轨道分别放一个料架（一上一下），升降机一个料架，共三个
2	丝印		丝印是用刮刀将锡膏或贴片胶漏印到PCB的焊盘上，为元器件的贴装做准备。位于SMT生产线的最前端。在使用过程中注意将模板及时用酒精清洗干净，防止锡膏堵塞模板的漏孔
3	点胶		点胶是将胶水滴到PCB的固定位置上，其主要作用是将元器件固定到PCB上。所用设备为点胶机，位于SMT生产线的最前端或检测设备的后面
4	贴装		贴装是将表面贴装元器件准确安装到PCB的固定位置上。所用设备为贴片机（自动、半自动或手工）、真空吸笔或镊子，位于丝印台的后面
5	固化		固化是将贴片胶熔化，从而使表面组装元器件与PCB牢固粘接在一起。所用设备为固化炉，位于SMT中贴片机的后面
6	焊接		焊接是将焊膏熔化，使表面贴装元器件与PCB牢固钎焊在一起，以达到设计所要求的电气性能并完全按照国际标准曲线精密控制，可有效防止PCB和元器件的热损坏和变形。位于SMT生产线中贴片机的后面

序号	SMT工序	设备（实物图）	工艺介绍
7	清洗		清洗是将贴装好的PCB上面影响电性能的物质或焊接残留物如助焊剂等除去，若使用免清洗焊料一般可以不用清洗。对于要求微功耗的产品或高频特性好的产品应进行清洗，一般产品可以免清洗。所用设备为超声波清洗机或用酒精直接手工清洗，位置可以不固定
8	检测		检测是对贴装好的PCB进行焊接质量和装配质量的检验，位置根据检验的需要，可以配置在生产线合适的地方。所用设备有放大镜、显微镜、在线测试仪（ICT）、飞针测试仪、自动光学检测仪（AOI）、X-RAY检测系统、功能测试仪等
9	返修		返修是对检测出现故障的PCB进行返工，如锡球、锡桥、开路等缺陷。所用工具为智能烙铁、返修工作台

【活动 4】SMT 质量的鉴别

在完成 SMT 生产工艺流程后，进入下一个工序即质量检测，判断该批次 PCB 产品的质量等级及合格率。主要完成以下操作。

1. 裸 PCB 目测检查

目测检查主要完成以下两项操作。

（1）焊点的目测检查

焊点目测检查是观察焊点是否光滑、均匀，有没有焊接质量问题，如短路、桥接等。

（2）元器件的目测检查

元器件目测检查是观察元器件是否有漏焊，是否准确焊在设计的焊盘上，小的元器件是否脱落，细小的 PCB 导线是否断裂、脱落等。如果肉眼不能识别，则要借助放大镜进行观察。

2. 通电、加载检查

通电、加载检查是电子产品的 PCB 在加载条件下通电，以检测是否满足所要求的规范。它能有效地查出目测检查所不能发现的微小裂纹和桥连等。检测时可应用各种相关的检测仪器，检测 PCB 的导线通断情况，以及在焊接进程中引起的元器件热破坏现象。PCB 的导线通断情况是由极其细小的裂纹、细丝的锡蚀和松香黏附等引起的。元器件热破坏现象是由于过热使元器件失效，或助焊剂分解气体引起元器件的腐化和变质等。主要检测方法有以下几种。

（1）在线测试

在线测试仪（in circuit tester，ICT）即自动在线测试仪，是现代电子企业必备的印刷电路板组件（printed-circuit board assembly，PCBA）生产的测试设备，是一种针对 PCB 上的元器件进行检验的仪器。

电气测试使用的最基本的仪器是 ICT，传统的 ICT 使用专门的针床与已焊接好的线路板上的元器件接触，并用数百毫伏电压和 10mA 以内电流进行分立隔离测试，从而精确地测出所装电阻、电感、电容、二极管、晶体管、晶闸管、场效应管、集成块等通用和特殊元器件的漏装、错装、参数值偏差、焊点连焊、线路板开短路等故障，并将故障出现在哪个元件或开短路位于哪个点准确告诉用户。

针床式在线测试仪的优点是测试速度快，适合于民用型家电线路板大规模生产的测试，主机价格较便宜。另外，电压感应技术（testjet）及边界扫描（boundary scan）技术的应用，提高了 ICT 的测试覆盖率。自动在线测试仪实物如图 5-24 所示。

（2）功能测试

功能测试（functional circuit test，FCT），一般专指 PCBA 上电后的功能测试，包括电压、电流、功率、功率因素、频率、占空比、位置测定、LED 亮度与颜色识别、LCD 字符与颜色识别、声音识别、温度测量与控制、压力测量与控制、精密微量运动控制、FLASH 和 EEPROM 在线烧录等功能参数的测量。功能测试仪实物如图 5-25 所示。

 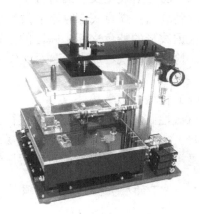

图 5-24　自动在线测试仪实物　　　　图 5-25　功能测试仪实物

（3）自动光学检测

自动光学检测（automatic optic inspection，AOI）是基于光学原理对焊接生产中遇到的常见缺陷进行检测的设备。AOI 虽然是近几年才兴起的一种新型测试技术，但发展迅速。当自动检测时，机器通过摄像头自动扫描 PCB，采集图像，将测试的焊点与数据库中的合格参数进行比较，经过图像处理，检查出 PCB 上的缺陷，并通过显示器或自动标志把缺陷显示/标示出来，供维修人员修整。自动光学检测仪实物如图 5-26 所示。

（4）自动 X 射线检测（X-RAY）

X-RAY 检测是应用 X 射线可穿透物质并在物质中有衰减的特征来发现缺陷的，主要检测焊点内部缺陷，如 BGA、CSP 和 FC 焊点等。目前，X 射线装备的 X 光束斑一般在 $1\sim5\mu m$，不能用来检测亚微米规模内焊点的微小开裂。自动 X 射线检测仪实物如图 5-27 所示。

图 5-26　自动光学检测仪实物　　　　图 5-27　自动 X 射线检测仪实物

（5）超声波检测

超声波检测是利用超声波束能透进金属材料的深处，当由一个截面进入另一个截面时，在界面边沿发生反射的特征来检测焊点的缺陷。来自焊点表面的超声波进入金属内部，碰到缺陷及焊点底部时就会发生反射现象，将反射波束收集到荧光屏上形成脉冲波形，根据波形的特色来断定缺陷的位置、大小和性质。超声波检测具有敏锐度高、操作便利、检验速度快、成本低、对人体无害等优点，但是对缺陷进行定性和定量判断尚存在一些缺陷。

（6）机械性破坏检测

机械性破坏检测是指将焊点进行机械性破坏，然后从它的强度和断裂面来判断存在的缺陷。常用的评价指标有拉伸强度、剥离强度和剪切强度等。因为对所有的产品进行检测是不可能的，所以只能进行适量的抽检。

3．SMT 的质量检测注意事项

在对 SMT 工艺完成的质量检测操作中应注意以下事项。

1）作业前佩戴防静电手环和手套。

2）PCB 轻拿轻放，板边有组件须朝外放置。

3）所有机种严禁在板内作记号。

4）物料须核对正确，须全部为无铅。

5）拿取 PCB 时须拿 PCB 的板边，勿触摸组件。

6）IC 点检记号不可划到本体丝印面上。

任务评价

本任务评价由三个部分组成，即学生自评、小组评价和教师评价，并按照学生自评占30%、小组评价占30%、教师评价占40%计入总分，最后将各评价结果及最终得分填入表5-9所示的任务评价表中。

表5-9　SMT任务评价表

活动	考核要求	配分	学生自评	小组评价	教师评价	得分
SMT及相关技术的组成	了解SMT的内容及相关技术的工艺	10分				
SMT的作用、特点及安装方式	熟知SMT的作用、特点及安装方式	10分				
SMT的工作流程及各工序的功能	掌握SMT的工作流程，熟知各工序的功能	40分				
SMT质量的鉴别	了解SMT质量鉴别的种类和方法	30分				
安全文明操作	学习中是否有违规操作	10分				
总分		100分				

知识拓展

SMT的发展方向

1. SMT生产设备的发展

SMT生产设备已从过去的单台设备工作向多台设备组合工作的方向发展，从多台分步控制方式向集中在线控制方向发展，从单路连线生产向双路组合连线生产方向发展。

2. SMT生产技术功能的发展

新一代SMT设备正向高速度、高精度、多功能的方向发展。为了保证贴片机的高精度，要采取措施降低贴片机的振动和抖动，减轻机身的质量，增加设备结构的刚性。

3. SMT未来的发展

SMT未来的发展主要有以下几个方向。

1）适应新型表面组装元器件的组装要求。随着新型表面组装元器件引脚的细化，0.3mm引脚间距的微组装技术已趋向成熟，SMT要不断地进行技术更新。

2）适应新型组装材料的发展。为适应绿色组装的发展和无铅焊等新型组装材料投入使用后的组装工艺要求，SMT要不断地进行技术更新。

3）适应现代电子产品品种的多样性及更新换代的需求。现在电子产品开发生产品种多、小批量、更新速度快,组装工序快速重组技术、组装工艺优化技术、组装设计制造一体化技术正在不断提出,SMT 要与这些技术对接。

4)适应高密度组装、三维立体组装、微机电系统组装等新型组装形式的组装需求。为适应高密度组装、三维立体组装的组装工艺技术,今后一个时期内需要研究的主要内容是怎样配合新的组装技术生产电子产品。

光荣榜:党的二十大代表

陶留海:党的二十大代表的技校毕业生

陶留海 1998 年从电力技校毕业,成了一名高压线路带电检修工。登上铁塔,踏入高空,置身强电场,沿着最高电压达 1100 千伏的输电线"走钢丝"。陶留海先后获国家发明专利授权 20 项、国家实用新型专利授权 40 项,制定国际标准 1 项、国家标准 1 项,发表论文 50 余篇。

陶留海从一名技校生到带电作业领域专家,从 2018 年"感动中原"十大年度人物到享受国务院政府特殊津贴专家、第十五届"中华技能大奖"得主,因为工作突出,陶留海名字的"前缀"越来越多,2022 年最令他骄傲的是当选党的二十大代表。

自我测试与提高

1. 填空题

(1)电子装联技术可以分为_____、_____。
(2)SMT 的安装方式可以分为_____、_____、_____三种类型。
(3)焊料具有焊接的性能,必须具有良好的_____。
(4)SMT 的基本工作流程为_____、_____、_____、_____、_____、_____、_____、_____。
(5)SMT 质量检测的主要检测方法有_____、_____、_____、_____、_____、_____。

2. 简答题

(1)SMT 工艺中有哪些设备?其作用是什么?
(2)SMT 主要包含哪些技术?
(3)SMT 与 THT 比较,有哪些区别?又有哪些优越性?
(4)SMT 目前的发展方向有哪些?

项目 6

电子产品装配的基础

电子产品的装配工序是电子产品制造行业中一个重要环节（工种）。从事该工种的技术人员及装配工人使用专业的设备及工具，将零散的电子元器件组装成能够实现某种功能的电子产品，并且能够满足使用的质量要求。要完成电子产品的装配，必须具备相关的基础知识及技能。这是电子产品装配从业资格的基础条件。

◎知识目标◎

1）了解电子产品装配的基础知识。
2）熟悉电子产品装配的常识。
3）了解电子产品装配的生产流程。

◎技能目标◎

1）掌握电子产品结构装配的基本技能。
2）能使用各种电子产品装配工具。
3）掌握工厂电子产品的生产流程。

◎情感目标◎

1）培养学生严谨的科学态度，以及勤于思考、团结协作、吃苦耐劳等品质。
2）通过实际动手操作激发学生浓厚的学习兴趣。
3）增强学生在学习中的纪律性和自控能力。

任务1　电子产品装配的基础知识

【背景介绍】
中国的电子工业最早出现在20世纪20年代。1929年10月，"电信机械修造总厂"在南京建立，主要生产军用无线电收发报机。而我国现代电子产业的发展起源于1978年开始的改革开放，在这之后40多年的发展中，共经历了三个明显的发展阶段：市场转型阶段、规模化发展阶段和代工跟随阶段。

生活中来

电子产品装配在我们的生活中主要体现在以下几个方面：①以个人爱好为主的业余电子产品制作，如音响爱好者自制电子管功放、婴儿尿湿报警器、声光控灯等；②生产企业的电子产品规模化装配，如家用电器，各种民用、军用电子产品等；③特殊用途的电子产品生产，如航空、航天专用电子产品，特殊用途的电子产品，高温、极寒条件下使用的电子产品等。

任务描述

电子产品装配过程中各阶段的工艺和操作方法都有严格要求，要完成电子产品装配的流程，需具备电子产品装配的基础知识。本任务主要完成四个活动内容，即电子产品装配的基础知识、电子产品装配的基本技能、电子产品装配的常用工具、电子产品装配的安全操作规程。其中，电子产品装配的基本技能、电子产品装配的安全操作规程为重点学习内容。电子产品装配的基础知识任务单如表6-1所示，请根据实际完成情况填写。

表6-1　电子产品装配的基础知识任务单

序号	活动名称	计划完成时间	实际完成时间	备注
1	电子产品装配的基础知识			
2	电子产品装配的基本技能			
3	电子产品装配的常用工具			
4	电子产品装配的安全操作规程			

任务实施

【活动1】电子产品装配的基础知识

电子产品装配人员应对电子产品的相关知识有一定的了解，并掌握电子产品装配相关工具的使用方法。在进行电子产品装配时，应理论联系实际，不断吸取经验，提升组装技能。本活动主要了解以下基础知识。

1. 电子产品装配的基本原则

电子产品在装配时，一般都应遵循下述基本原则。

（1）电子产品相关基础知识的掌握

作为电子产品组装生产线上的员工，要具有与电子产品组装相关的电子元器件与基础电路等方面的基础知识，要知道安全操作规程等注意事项。在对某一种电子产品进行组装之前，事先了解待组装电子产品的特点、工作原理、使用方法，如是否有特殊零部件、机械部件，这样可以减少在组装过程中因不熟悉而引起的错误操作，从而可以缩减电子产品组装的时间，提高组装效率。

（2）电子产品装配相关工具的使用

电子产品组装流程中会用到各种各样的设备、仪器及仪表，会使用这些工具，是能够熟练装配电子产品的基础。只有掌握了各种相关工具的使用方法，才能完成电子产品的组装。

（3）理论联系实际

只有理论知识，而不接触实际的电子产品或不进行实际产品的组装，是不能快速掌握电子产品组装技能的。若不对电子产品的基础知识进行学习，盲目地进行电子产品组装的工作，则会造成产品不合格。在进行电子产品组装前，应学习电路结构、工作原理和信号流程，同时结合实际的电子产品，识别元器件、检测信号波形和工作电压。不同的电子产品其结构以及所用的元器件都有很大的不同，在学习过程中应先理解整机的组成和工作原理，再理解电路元器件的功能，掌握电子产品中各电路在正常状态和故障状态下的电路参数。这样有利于在面对残次产品时，能够快速判断出需要补修的地方，提高工作效率。

（4）组装技能的不断提升

随着电子产品组装工艺技术的发展，很多新工艺、新技术、新材料和新产品不断出现，组装技术人员应对新元器件的性能特点和工艺要求，以及新的工艺装备和新技能要求不断学习，积累经验。电子产品在不断更新，装配技术人员及工人的技能和知识也要不断更新才能适应新的工作需求。电子产品组装工艺随着产品的结构特点、使用环境以及所采用的元器件的不同，其工艺要求和工艺流程也不相同。从产品的 PCB 上就可以了解到它们的装配工艺有着很大的差别，因此，装配技术人员及工人对知识的学习和自身技能的提升更是必不可少的。

2. 电子产品装配前的准备工作

在电子产品装配前，应准备好相应的技术文件、专业设备和工具，以及待装 PCB 或电子元器件，为装配操作做好准备。

（1）相应技术文件的准备

准备技术文件主要是指准备好作业指导文件、工艺文件和质量管理文件，如电路原理图、框图、装配图，以及 PCB 图、PCB 装配图、零件图、装配工艺（参数表和程序）和质检程序与标准等。要求掌握上述各技术文件的内容，了解电路的基本工作原理、主要技术性能指标、各参数的装配方法和步骤等，还要进一步明确电路装配的目的和要求达到的技术性能指标。技术文件详见项目 3 任务 2 的内容。

（2）专业装配设备及工具的准备

准备好装配设备及工具后，要检查所有设备是否处于良好的工作状态，检查装配设备及工具是否处于正常状态，尤其要注意装配设备的精度是否符合技术文件规定的要求，能否满足装配精度的需要。

（3）PCB、电子元器件、相关材料的准备

装配前要检查 PCB 来料、元器件来料、焊锡膏来料是否符合装配要求，确定无误后方可按装配程序进行装配。

3. 电子产品装配的注意事项

1）要熟悉各种测量装配仪器、仪表的连接和使用方法，检查其连接是否正确，避免由于仪器使用不当或出现故障导致装配错误或误差。特别需要注意的是，测量用的仪器、仪表的地线应和被测电路的地线连在一起。因为，为确保测量结果的准确性，装配测量设备和电路之间应选择合适的接地点。

2）在装配过程中，经常使用电烙铁、吸锡器等焊接工具，由于焊接工具在工作时温度很高，因此要正确使用焊接工具，以免烫伤。焊接工具使用完毕后，要将电源切断，放到不易燃的容器或专用电烙铁架上，以免因焊接工具温度过高而引起易燃物燃烧，发生火灾。

3）装配人员在对电子产品装配前，应先对人身进行放电，以免由于身体带电（静电）造成电子产品损坏，或者佩戴防静电手套、防静电环进行操作。

【活动 2】电子产品装配的基本技能

1. 元器件可焊性处理

在电子装配元器件与 PCB 的生产过程中，元器件和 PCB 的可焊性处理对电路的焊接装配与产品的使用起着至关重要的作用；电子元器件的可焊性处理主要有以下两个方面。

（1）电子元器件脚氧化膜的处理

在实训的过程中，对电子元器件脚的氧化膜处理主要采用小刀去膜的方法完成，如图 6-1 所示。

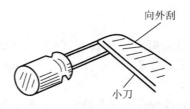

图 6-1　去氧化膜

（2）镀锡

在电子装配过程中，为避免虚焊，提高焊接的质量和速度，在装配前需要对元器件的焊接表面进行可焊性处理——镀锡，如图 6-2 所示。

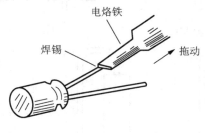

图 6-2　镀锡

（3）镀锡的操作流程

1）对经过清洁的元器件引脚的氧化膜进行处理。

2）元器件引脚浸涂助焊剂（盒式焊锡膏）。

3）用蘸锡的电烙铁头沿着引脚（要使引线镀层薄而均匀，表面光亮）镀锡，然后再一次浸涂助焊剂。

注意事项

镀锡前要仔细观察元器件引脚原来的镀层种类，按照不同的方法进行清洁。常见的镀层材料有银、金和铅锡合金等几种。镀银引线容易产生不可焊的黑白氧化膜，必须用小刀刮去，直到露出纯铜表面；如果是镀金引线，因为其基材难以镀锡，所以不能把镀金层刮掉，可以用绘图粗橡皮擦去表面污物；近年出现的镀铅锡合金引线可在较长时间内保持良好的可焊性。新购买的正品元器件（即在可焊性合格期内）可免去镀锡工作，用镊子轻捋管腿，然后直接浸涂助焊剂。

2. 元器件脚的成形和插装

（1）元器件的成形

元器件在清洗镀锡后，应按照 PCB 的尺寸要求使其引线弯曲成形，以便于插入孔内。元器件成形主要包括电阻成形、电容成形、二极管及跳线成形与芯片整形。

为了避免损坏元器件，成形时必须注意：

1）引线弯曲的最小半径不得小于引线直径的两倍，即不能打死弯。

2）引线弯曲处离元器件本体至少 3mm，对于容易崩裂的玻璃封装元器件，引线成形更应该注意这一点。元器件成形如图 6-3 所示。

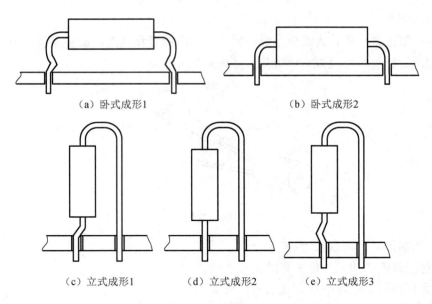

（a）卧式成形1　　　　　　　　　（b）卧式成形2

（c）立式成形1　　　（d）立式成形2　　　（e）立式成形3

图 6-3　元器件成形图

（2）元器件的插装

电子元器件的插装是指将已经加工成形的元器件的引线垂直插入 PCB 的焊孔。

1）元器件的插装类型。元器件在 PCB 上的插装分立式和卧式两种：卧式是元器件与 PCB 板面平行，立式是元器件与 PCB 板面垂直，两种形式都应使元器件的引线尽量短，如图 6-4 所示。

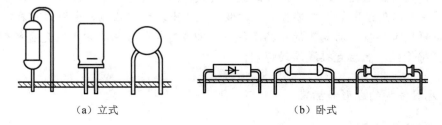

（a）立式　　　　　　　　　　　　（b）卧式

图 6-4　元器件的插装类型

2）元器件在 PCB 板面上的插件装配工艺。在单面板上卧式装配时，小功率的元器件总是平行地紧贴板面；在双面板上装配时，元器件则需离开板面约 1mm，避免因元器件发热而减弱铜箔的附着力，并防止短路。当元器件立式装配时，单位面积上容纳元器件的数量多，适合于紧凑密集的产品，但立式装配的机械性能较差、抗振能力弱，如果元器件倾斜，则有可能因接触邻近元器件而造成短路。

3. 散热片的安装

（1）散热片简介

散热片是一种给电路中的易发热电子元器件散热的装置，多数散热片由铝合金材料制作成板状、片状、多片状等完成电子元器件的散热功能，如计算机中 CPU 要使用相当大的散热片，电视机中电源管、行管，功放器中的功放管等都要使用散热片。散热片如图 6-5 所示。

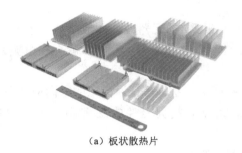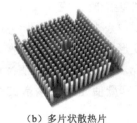

（a）板状散热片　　　　　　　　　　（b）多片状散热片

图 6-5　散热片

（2）散热片的安装

散热片在安装时常在电子元器件与散热片的接触面上涂一层导热硅脂，使电子元器件发出的热量有效地传导到散热片上，再经散热片散发到周围的空气中去。安装散热片时应使各引脚都从孔的中心穿过，避免短路，孔的周围不应有飞边和碎屑。散热片与元器件的表面应贴紧，上螺母时一定要加上弹簧垫圈（或称锁紧垫圈），以免以后散热片松动；螺母不能上得太紧，以免损坏器件；先用螺母固定，再焊接引脚。

4. 元器件在电路装配中的连接

电路的可靠连接及合理布线是电路正常工作的前提。电路中元器件的连接通常有焊接、插接和绕接等几种方法。绕接要用到专用工具，不适用于教学实训；在教学实训中经常采用焊接和插接，如图 6-6 所示。

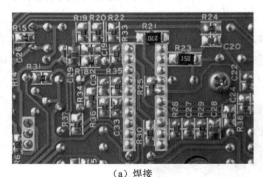

（a）焊接　　　　　　　　　　　　　　（b）插接

图 6-6　焊接和插接

插接的优点是装拆都很方便、灵活，无须设计和制作专用电路板，特别是需要经常修改电路时尤为突出，因此，实验工作也经常在面包板上用插接的方法来完成。缺点是容易接触不良，不耐震动。

焊接的优点是接触可靠，固定较牢，电路可长期使用。因此，电子产品一般采用焊接的方法。

5. 元器件装配的注意事项

1）元器件装配时，应先安装那些需要机械固定的元器件，如散热片、卡子、支架等，后安装靠焊接固定的元器件，如电阻、电容、二极管等；否则，就会在机械紧固时因 PCB 受力变形而损坏其他元器件。

2）各种元器件的插装，应使标记和色码朝上，易于辨认，标记的方向应从左到右，或从上到下；尽量使器件两端的引线长度相等，把元器件放在两插孔中央，排列要整齐。

3）有极性的元器件，插装时要保证极性正确。

4）焊接时，应先焊那些比较耐热的元器件，如接插件、小型变压器、电阻、电容等，后焊接那些比较怕热的元器件，如各种半导体器件及塑料元件、集成电路等。

6. 元器件装配的检验

元器件装配的基本要求是牢固可靠、不损伤元器件、不破坏元器件的绝缘性能，安装件的方向、位置要正确，上道工序不得影响下道工序。

装配检验首先要检查各接线点的焊接情况，有无虚焊、漏焊和短路；检查各导线有无裸露部位，绝缘有无损伤、压破，有无落入金属异物（如锡球、导线头、螺母、垫圈等）造成接线点之间短路等。当焊接情况检查完毕后，应检查每个零件的机械固定是否牢固，有无漏装螺钉、漏加垫圈等现象。面板上零件操作时有无松动、转动，排列是否整齐，有极性的元器件安装方向是否正确等。

7. 多脚元器件的拆卸

随着技术的进步，多脚元器件日益增多，特别是各种集成电路和转换开关，往往有几十个焊脚。当需要拆焊这些零件时比较困难，这里介绍几种常用的拆焊方法。集成电路 PCB 如图 6-7 所示。

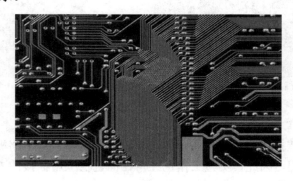

图 6-7　集成电路 PCB

（1）用锡焊电烙铁拆卸多脚元器件

锡焊电烙铁是拆焊的专用工具，其烙铁头中间为一细管。在烙铁烫熔了接点上的焊锡之后，按烙铁上的按键，弹簧活塞弹出，吸管即可吸掉焊锡，使焊脚脱离 PCB。如此一个脚一个脚地拨离，直到全部引脚均脱离 PCB 后，即可取下多脚元器件。锡焊电烙铁套装如图 6-8 所示。

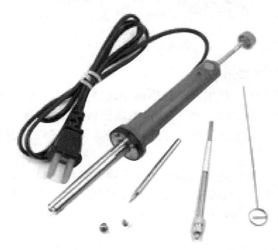

图 6-8　锡焊电烙铁套装

（2）用电烙铁加吸锡器拆卸多脚元器件

用电烙铁和专用吸锡器也能方便地完成拆装工作。当电烙铁熔化接点上的焊锡后，用吸锡器迅速把熔锡吸走，从而使元器件和 PCB 分离。吸锡器的吸锡作用是靠毛细管作用自动进行的。吸锡器如图 6-9 所示。

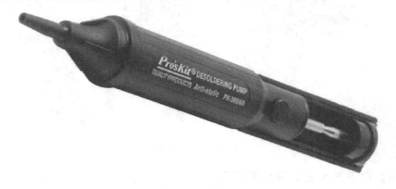

图 6-9　吸锡器

（3）用电烙铁和金属网带拆卸多脚元器件

将易吃锡的编织铜线置于待拆焊的接点上，将电烙铁放在编织铜线上，当焊锡熔化时即被编织铜线吸收，元器件脚自然脱离 PCB。金属网带如图 6-10 所示。

图 6-10　金属网带

（4）用热风枪拆卸多脚元器件

1）拆卸前的准备工作。在用热风枪拆卸小元器件之前，一定要注意以下几点。

① 要将 PCB 上的电池拆下，特别是电池离所拆元器件较近时。

② 将 PCB 固定在维修平台上，打开带灯放大镜，仔细观察要拆卸的小元器件的位置。

③ 用小刷子将小元器件周围的杂质清理干净，往小元器件上加注少许松香水。

2）小元器件的拆卸。安装好热风枪的细嘴喷头，打开热风枪的电源开关，调节热风枪温度开关在 2～3 挡（280～300℃，对于无铅芯片，风枪温度为 310～320℃），风速开关在 1～2 挡。

一只手用手指钳夹住小元器件，另一只手拿稳热风枪手柄，使喷头与要拆卸的小元器件保持垂直，距离为 2cm 左右，沿小元器件均匀加热，喷头不可接触小元器件。待小元器件周围焊锡熔化后用手指钳将小元器件取下。

热风枪如图 6-11 所示。

图 6-11　热风枪

【活动 3】电子产品装配的常用工具

电子产品装配的常用工具在前面已作介绍，本活动中不作详细讲解。

1. 电子产品装配的常用五金工具

电子产品装配的常用五金工具一般分为普通工具和专用工具两大类。

1）普通工具常用的有螺钉旋具（也称螺丝刀，俗称改锥或起子）、尖嘴钳、斜口钳、钢丝钳、剪刀、镊子、扳手、手锤、锉刀。

2）专用工具常用的有剥线钳、绕接器、压接钳、热熔胶枪、手枪式线扣钳、元器件引线成形夹具、无感小旋具（无感起子）、钟表起子。

2. 电子产品装配的常用焊接工具

电子产品装配的常用焊接工具是指电气焊接工具，主要有电烙铁、电热风枪、烙铁架等。

3. 电子产品装配常用的专用设备

电子整机装配专用设备有导线切剥机、剥头机、捻线机、浸锡设备、超声波清洗机、波峰焊接机、自动插件机、自动切脚机、引线自动成形机等。

【活动4】电子产品装配的安全操作规程

电子产品装配的安全操作规程在电子产品生产中是极其重要的一个环节，严格按照安全操作规程操作，可以保障生产人员及生产设备的安全，使生产顺利进行，完成生产任务。具体安全操作规程有以下几个方面。

1）实训前应穿戴好相关的工作服。检查工具及用具是否齐全完整，经检查无误后方可进行实训操作。

2）电子装配一定要按装配工艺流程进行，对组装前的元器件进行认真清点和复核。合理选择装配工具和设备。

3）对使用的工具和设备要进行维护保养，特别是电源、电烙铁等，要具备安全性，损坏的要及时修理。

4）电烙铁必须有插销。不准在电源上挂着使用；漏电的电烙铁不准使用。

5）电烙铁必须有专用的金属架存放，使用与否均应放在支架上，不准随便乱放。

6）装配结束后，对周围的环境要进行清理，对安全实训、文明实训负责。

7）装配好的电子产品要整齐堆放。

任务评价

本任务评价由三个部分组成，即学生自评、小组评价和教师评价，并按照学生自评占30%、小组评价占30%、教师评价占40%计入总分，最后将各评价结果及最终得分填入表6-2所示的任务评价表中。

表6-2　电子产品装配的基础知识任务评价表

活动	考核要求	配分	学生自评	小组评价	教师评价	得分
电子产品装配的基础知识	知道电子产品装配的原则、装配的准备工作及注意事项	20分				
电子产品装配的基本技能	掌握元器件可焊性处理、成形和拆装	40分				

续表

活动	考核要求	配分	学生自评	小组评价	教师评价	得分
电子产品装配的常用工具	掌握装配工具的应用方法	10 分				
电子产品装配的安全操作规程	熟悉操作规程的内容	20 分				
安全文明操作	学习中是否有违规操作	10 分				
总分		100 分				

知识拓展

电路故障检查的方法

电路故障检查的一般方法有直接观察法、信号检查法、信号寻迹法、对比法、部件替换法、旁路法、短路法、断路法、加速暴露法等，下面主要介绍几种常用方法。

1. 直接观察法和信号检查法

直接观察法就是用人眼观察电路的变异情况，如电阻、半导体及各器件颜色的变化，以及 PCB 的导线是否完整；信号检查法就是断开信号源，把经过准确测量的电源接入电路，用万用表电压挡监测电源电压，观察有无异常现象，如冒烟、异常气味、手摸元器件发烫、电源短路等，如果发现异常情况，应立即切断电源，排除故障。直接观察法和信号检查法的目标针对性较强。

2. 信号寻迹法

在输入端直接输入一定幅值、频率的信号，用示波器由前级到后级逐级观察波形及幅值，如果哪一级异常，则故障就在该级。对于各种复杂的电路，也可将各单元电路前后级断开，分别在各单元输入端加入适当信号，检查输出端的输出是否满足设计要求。

3. 对比法

将存在问题的电路参数与工作状态和相同的正常电路中的参数（或理论分析和仿真分析的电流、电压、波形等参数）进行比对，判断故障点，找出原因。

4. 部件替换法

用同型号的完好的器件替换可能存在故障的部件。

5. 加速暴露法

有时故障不明显，或时有时无，或者要较长时间才能出现，可采用加速暴露法，如敲击元器件或电路板检查接触不良、虚焊等，用加热的方法检查热稳定性等。

自我测试与提高

1．填空题

（1）电子产品装配的基本原则有_____、_____、_____、_____。

（2）电子产品装配前的工作准备有_____、_____、_____。

（3）多脚元器件的拆卸方法有_____、_____、_____、_____。

2．简答题

（1）在电子产品装配前要准备哪些材料？

（2）简述元器件可焊性的处理过程。

（3）简述元器件的装配过程。

（4）简述电子产品装配的安全操作规程。

任务2　电子元器件质量检验、筛选及常用材料

生活中来

产品质量的检验、筛选在现实生活中经常可以见到，如我们在购买家用电器时对产品的开机检查，购买汽车前的判别、试驾等都是进行检验、筛选的过程，都是以获得优质产品为目的的过程。

任务描述

为了保证装配的电子产品能够稳定、可靠地工作，必须在装配前对所使用的电子元器件进行检验和筛选。电子产品的制造需要使用各种导线、绝缘材料等。本任务主要完成两个活动内容，即电子元器件的常规检验和筛选，以及电子产品常用线材及绝缘材料。掌握正确的选用方法，对于优化生产工艺、保证产品质量是至关重要的。电子元器件质量检验、筛选及常用材料知识任务单如表 6-3 所示，请根据实际完成情况填写。

【背景介绍】

随着工业、军事和民用等部门对电子产品的质量要求日益提高，电子产品及设备的可靠性问题受到了越来越多的重视。对电子元器件进行检验、筛选是电子产品生产制作或电器维修时的重要环节。

表 6-3　电子元器件质量检验、筛选及常用材料知识任务单

序号	活动名称	计划完成时间	实际完成时间	备注
1	电子元器件的常规检验和筛选			
2	电子产品常用线材及绝缘材料			

任务实施

【活动1】电子元器件的常规检验和筛选

1. 电子元器件外观质量的常规检验

电子元器件质量的好坏是决定电子产品质量高低的关键。电子元器件质量检验主要是外观质量常规检验和参数检验（通过相关仪器完成），为了保证装配的电子产品能够稳定、可靠地工作，必须在装配前对所使用的电子元器件进行检验和筛选。具体的检验方法主要有以下几个方面。

1）元器件的封装、外形尺寸、电极引线的位置和直径应该符合产品标准外形图的规定。

2）元器件外观应完好无损。

3）电极引出线应镀层光洁，无压折或扭曲。

4）元器件的型号、规格、标志应完整、清晰、牢固。

5）可调部件应活动平顺、灵活，松紧适当，无机械杂音；开关类元器件应保证接触良好，动作迅速。

2. 电子元器件电气性能使用的筛选

1）电子整机产品要用到很多元器件，对于那些要求不是很高的元器件，一般采用随机抽样的方法来检验、筛选；而对于那些在电路中要求较高的关键元器件，则必须采用逐个测试的方法来检验、筛选。

2）采用随机抽样的方法对元器件进行检验、筛选，其抽样比例、样本数量以及检验筛选的操作程序，都是非常严格的。根据抽样检验的结果决定该种、该批的元器件是否能够投入生产；如果抽样检验不合格，则应该向供货方退货。

3）对于那些要求较高、工作环境严酷的产品，其关键元器件必须采用更加严格的老化筛选方法来逐个检验。广泛使用的老化筛选项目有高温存储老化、高低温循环老化、高低温冲击老化和高温功率老化等。

【活动2】电子产品常用线材及绝缘材料

在电子产品装配过程中，需要使用各种导线和相关的绝缘材料，了解这些材料的性能、质量、种类和特点，掌握它们的使用方法，对于保证电子产品的装配质量至关重要。

1．电子产品常用线材

（1）裸线

裸线是指没有绝缘层的单股或多股铜导线，大部分作为电线电缆的线芯，少部分直接用在电子产品中连接电路，如图 6-12 所示。

图 6-12　裸线

（2）电磁线

电磁线是指有绝缘层的铜线，绝缘方式有表面涂漆或外缠纱、丝等，一般用来绕制电感类产品的绕组，所以也叫作绕组线，如图 6-13 所示。

图 6-13　电磁线

（3）绝缘电线

绝缘电线是指由导电的线芯、绝缘层等组成的导线，用作电子产品的电气连接。导线绝缘外皮的材料主要是塑料和橡胶，在结构上有固定敷设电线、绝缘软电线和屏蔽线，如图 6-14 所示。

图 6-14 绝缘电线

（4）排线

排线实物如图 6-15 所示。在数字电路中，特别是计算机、手机类产品中，数据总线、地址总线和控制总线等连接导线往往是成组出现的，其工作电平、导线走向都大体一致。

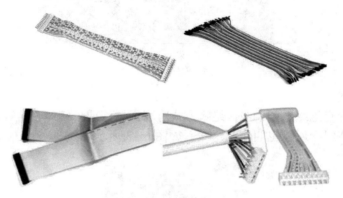

图 6-15 排线

（5）电线电缆

电线电缆又称安装电缆，实物如图 6-16 所示。一般由导电芯线、绝缘层和保护层组成。芯线有单芯、多芯，并有各种不同的线径。

图 6-16 电线电缆

电线电缆的结构示意图如图 6-17 所示。

镀锡铜芯线　　天然丝线包　　天然丝线包　　聚氯乙烯绝缘层　　镀锌铜锡编织层

图 6-17　电线电缆的结构示意图

2. 常用绝缘材料

绝缘材料是指电流很难通过的材料，具有较高的电阻率、耐压强度和耐热性能，在电子产品中主要用于包扎、衬垫、护套等。

（1）绝缘纸

常用的绝缘纸有电容器纸、青壳纸、铜板纸等，主要用于要求不高的低压线圈绝缘。其实物如图 6-18 所示。

（a）电容器纸　　　　　　（b）青壳纸　　　　　　（c）铜板纸

图 6-18　绝缘纸

（2）绝缘布

常用的绝缘布有黄腊布、黄腊绸、玻璃漆布等。这种材料也可制成各种套管，用作导线护套。其实物如图 6-19 所示。

图 6-19　绝缘布

（3）有机薄膜

常用的有机薄膜有聚酯、聚酰亚胺、聚氯乙烯、聚四氟乙烯薄膜。有机薄膜涂上胶粘剂就成为各种绝缘粘带。其实物如图 6-20 所示。

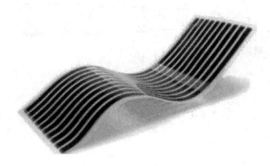

图 6-20　有机薄膜

（4）塑料套管

除绝缘布套管外，大量用在电子装配中的是塑料套管。其实物如图 6-21 所示。

图 6-21　塑料套管

（5）橡胶制品

橡胶在较大的温度范围内具有优良的弹性、电绝缘性、耐热、耐寒和耐腐蚀性，是传统的绝缘材料，用途非常广泛。其实物如图 6-22 所示。

图 6-22　橡胶制品

（6）云母制品

云母是一种具有良好的耐热、传热、绝缘性能的脆性材料，主要用于耐高压且能导热的场合，如用作金属封装大功率晶体管与散热片之间的绝缘垫片。云母制品如图 6-23 所示。

图 6-23   云母制品

任务评价

本任务评价由三个部分组成，即学生自评、小组评价和教师评价，并按照学生自评占 30%、小组评价占 30%、教师评价占 40% 计入总分，最后将各评价结果及最终得分填入表 6-4 所示的任务评价表中。

表 6-4   电子元器件质量检验、筛选及常用材料任务评价表

活动	考核要求	配分	学生自评	小组评价	教师评价	得分
电子元器件的常规检验和筛选	知道电子元器件外观质量常规检验的方法；了解电子元器件电气性能使用的筛选方法	40 分				
电子产品常用线材及绝缘材料	知道电子产品常用线材及绝缘材料的性能、作用及使用方法	50 分				
安全文明操作	学习中是否有违规操作	10 分				
总分		100 分				

知识拓展

常用电子元器件在没有万用表条件下的简单检测方法

在电子产品生产制作或电器维修时，对于电子元器件的筛选和检测是很重要的环节。利用电筒电路（即干电池和电珠串灯电路）作为测试电子元器件的工具，能很方便地检测一些常用电子元器件的质量，不仅实用简单，而且效果很好。这里整理几种常用电子元器件的检测方法，仅供大家参考。

1．检测 1N400×× 二极管

平时在装配和检修各类电子电器的整流电源时，1N400×× 二极管的应用是很多的。检测二极管性能通常采用电筒电路，这种电路能迅速地判断二极管的好坏。让电池的正极接二极管任意一脚，如果小电珠不发光，则证明电池正极接的是二极管的负极；若电

珠发出微弱光，则接的是正极，同时也说明该二极管性能良好。如果电池正极碰触二极管任一脚，小电珠都能发光，说明此二极管内部已短路；若电珠都不亮，则说明二极管内部已断路。（**注意：此法不能确定二极管的耐压性能。**）

2. 检测发光二极管

发光二极管因其工作电压低，所以用电筒电路能直观地判断其性能和质量的好坏。如果将待测发光二极管跨接入电路后发光二极管不点亮，而将其调换极性后再次接入电路时，发光管微微发光，那么证明该管性能良好，同时可以判断发光管与电池负极相接的管脚即为发光管的负极，另一脚为正极。但如果通过上述两次接入电路二极管均不发光点亮，则说明该管已坏。但反过来说，如果发光管两次接入电路，虽然发光管均不亮，但电路中的小电珠闪亮发光，则说明该发光管已内部击穿。

3. 检测单向晶闸管

应用电筒电路亦能估测晶闸管管子的好坏及导通和阻断情况。将单向晶闸管的K电极与电池负极相连接，A极与电池正极相接，这时电路中的小电珠若无光亮，则证明晶闸管的正向阻断性能基本良好。再找一根细导线将电池的正极端与晶闸管的控制电极（G）迅速碰触一下，这时电珠若闪光发亮，则说明晶闸管的导通性能良好。若导线碰触时电珠不亮，或者小电珠瞬间闪亮一下又即刻熄灭，则说明该管的导通能力很差，根本无法导通。

4. 检测小功率晶体管

对于常用的小功率晶体管，如9013、9014等晶体管，也能利用电筒电路，快速地粗测其性能，判断其好坏。将电路中的电池正极接晶体管的基极，电池的负极分别碰触晶体管的集电极与发射极。如果在碰触集电极时电珠即发光呈暗红色光亮，而碰触发射极时电珠也发亮，则证明该管性能基本良好。若碰触集电极或发射极，只有其中一次电珠不亮，则说明该管的一个电极存在断路。但当电池负极碰触集电极和发射极时，电珠均不发光，那么证明该管内部已断路。

自我测试与提高

1. 填空题

（1）电子产品常用的线材有_____、_____、_____、_____、_____。
（2）电子产品常用的绝缘材料有_____、_____、_____、_____、_____、_____。

2. 简答题

（1）简述电子元器件外观质量的常规检验方法。
（2）简述电子元器件电气性能使用的筛选方法。

项目 7

电子产品整机装配实训

电子产品是电子元器件组成的产品的统称，包括控制电路、电源电路、保护电路等相关电子电路。通过本项目的学习，学生能够了解电子产品装配的一般工艺流程，以及生产工艺文件的编制和填写方法，掌握智能仪器仪表的使用方法，具备电子产品装配、焊接、调试的能力，同时提高学生的实际操作能力、数据与结果的分析处理能力等。

知识目标

1）了解电子装配技术的常识。

2）了解电子产品装配的一般工艺流程。

3）了解生产工艺文件的编制和填写知识。

技能目标

1）掌握常用电子元器件的认识与检测方法。

2）掌握常用仪器仪表及电子装配工具的使用方法。

3）掌握焊接技能及其工艺要求。

4）掌握生产工艺文件的编制和填写方法。

5）掌握电子产品整机装配的基本技能。

6）掌握电子产品装配过程中分析和解决实际问题的一般方法。

情感目标

1）培养学生爱岗敬业、团结协作的职业精神。

2）培养学生对电子产品装配技术的学习兴趣和爱好。

3）养成自主学习与探究学习的良好习惯。

4）培养学生运用电子产品装配工艺知识和工程应用方法解决生产生活中相关实际问题的能力。

5）强化安全生产、节能环保和产品质量等职业意识。

6）养成良好的工作方法、工作作风和职业道德。

任务 1　JC328 型足球外观有源小音箱的装配

【背景介绍】
音响技术的发展历史是随着电子技术的发展而发展的，分为电子管时代、晶体管时代、集成电路时代、场效应管时代、数字音响技术时代五个阶段。

生活中来

在我们的现实生活中，随时都能感受到音箱的存在，如看电影、电视，使用计算机、手机，在歌厅唱歌，汽车的播放系统，校园音响系统等。它能为我们带来欢乐，消除烦恼，提高精气神。

任务描述

实训现场准备电子装接工具及 JC328 型足球外观有源小音箱套件一套，要求学生在实训中了解音箱的构成及电路结构，掌握电子装配技术的工具使用、元器件选择、元器件焊接等基本技能；熟悉工艺文件的编制与填写。JC328 型足球外观有源小音箱的装配知识任务单如表 7-1 所示，请根据实际完成情况填写。

表 7-1　JC328 型足球外观有源小音箱的装配知识任务单

序号	活动名称	计划完成时间	实际完成时间	备注
1	工艺文件的编制与填写			
2	JC328 型足球外观有源小音箱的装配			
3	实训报告的填写			

任务实施

【活动 1】工艺文件的编制与填写

1. 工艺文件的编制

（1）JC328 型足球外观有源小音箱的装配资料

1）JC328 型足球外观有源小音箱元器件清单如表 7-2 所示。

2）JC328 型足球外观有源小音箱工作的原理及电路图。

① 工作原理。JC328 型足球有源小音箱是通过音频线将 MP3、MP4 等设备的左、右两路音频信号输入到立体声盘式电位器的输入端，两路音频信号再分别经过 R_1、C_1、R_2、C_2 耦合到功率放大集成电路 TDA2882 的输入端 6、7 脚，经过 TDA2882 的内部功率放大后由 1、3 脚输出经过放大后的音频信号，以推动左、右两路扬声器工作。拨动开关 SW 可以用来控制电源的开关。直流电源插座 DC 使

电路可以外接电源。电位器 VOL 用来控制音量的大小。电路中的发光 LED 起电源通电指示的作用。

表 7-2　JC328 型足球外观有源小音箱元器件清单

序号	名称	规格	位号	数量
1	电阻	4.7Ω，1/6W	R_5、R_6	2 只
2	电阻	820Ω，1/6W	R_7	1 只
3	电阻	2kΩ，1/6W	R_3、R_4	2 只
4	电阻	33kΩ，1/6W	R_1、R_2	2 只
5	陶瓷电容	0.1μF	C_1、C_2、C_7、C_8	4 只
6	电解电容	100μF	C_3、C_4	2 只
7	电解电容	200μF	C_5、C_6、C_9	3 只
8	集成电路（IC）	TDA2882	U_1	1 片
9	发光二极管	绿色	LED	1 只
10	DC 插座	DC-25	DC	1 个
11	盘式电位器	14×2×15kΩ	VOL	2 只
12	拨动开关	SK12D07VG3	SW	1 个
13	导线	60mm，红色	电源正	1 根
14	导线	60mm，黑色	电源负	1 根
15	彩线	120mm×2p 红/黑	喇叭线	2 根
16	音频线	320mm	3.5 单头	1 条
17	前壳	塑壳		1 个
18	电池壳	塑壳		1 个
19	电池后盖	塑壳		1 个
20	左音箱前壳	塑壳		1 个
21	左音箱后壳	塑壳		1 个
22	右音箱前壳	塑壳		1 个
23	右音箱后壳	塑壳		1 个
24	拨动钮	塑壳		1 个
25	底座	塑壳		1 个
26	喇叭	50mm×2W×4Ω	L-BI	2 个
27	海绵垫	20mm×20mm×8mm	已装入壳中	2 个
28	电池负片			1 个
29	电池正片			1 个
30	电池连片（正负）			1 个
31	电池连片（负正）			1 个
32	弹片			4 颗
33	螺钉	2×6PA		16 颗
34	电路板			1 块
35	说明书			1 份

② JC328 型足球外观有源小音箱电路原理图如图 7-1 所示。

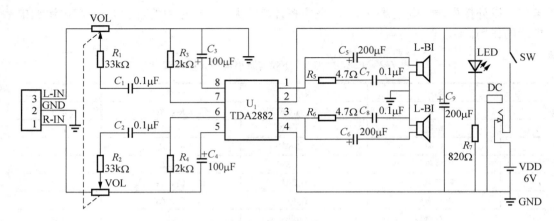

图 7-1　JC328 型足球外观有源小音箱电路原理图

③ JC328 型足球外观有源小音箱电路 PCB 正、背面如图 7-2 所示。

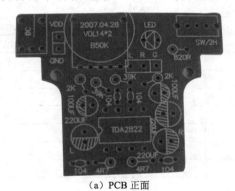

（a）PCB 正面

（b）PCB 背面

图 7-2　JC328 型足球外观有源小音箱电路 PCB

（2）JC328 型足球外观有源小音箱装配工艺文件的编制

根据 JC328 型足球外观有源小音箱装配资料编制的装配工艺文件有文件封面、工艺文件目录、元器件工艺文件、装配工具工艺文件、电路说明工艺文件、PCB 工艺文件、装配流程工艺文件。

2. 工艺文件的填写

1）文件封面的填写如表 7-3 所示。

表 7-3 文件封面

电子产品实训
工 艺 文 件

文件类别：电子产品实训工艺文件
文件名称：足球外观有源小音箱装配指导书
产品型号：JC328
产品名称：足球外观有源小音箱
产品图号：
本册内容：元器件工艺、导线加工、插件工艺、焊接、外壳组装

第 1 册
共 1 册
共 页

批准：

年 月

2）工艺文件目录的填写如表 7-4 所示。

表 7-4　工艺文件目录

工艺文件目录		产品名称/型号		产品图号
		足球外观有源小音箱		
序号	工艺文件名称		页码	备注
1	工艺文件封面			
2	工艺文件目录			
3	元器件工艺文件			
4	装配工具工艺文件			
5	电路说明工艺文件			
6	PCB 工艺文件			
7	装配流程工艺文件			

旧底图总号	更改标记	数量	更改单号	签名	日期	签名		日期	第　页
						拟制			共　页
底图总号						审核			第　册
						标准化			共　册

3）元器件工艺文件的填写如表 7-5 所示。

表 7-5　元器件工艺文件

电路元器件清单			产品名称/型号	产品图号
			足球外观有源小音箱	
序号	元器件名称	元器件规格	位号	数量
1	电阻	4.7Ω，1/6W	R_5、R_6	2 只
2	电阻	820Ω，1/6W	R_7	1 只
3	电阻	2kΩ，1/6W	R_3、R_4	2 只
4	电阻	33kΩ，1/6W	R_1、R_2	2 只
5	陶瓷电容	0.1μF	C_1、C_2、C_7、C_8	4 只
6	电解电容	100μF	C_3、C_4	2 只
7	电解电容	200μF	C_5、C_6、C_9	3 只
8	集成电路（IC）	TDA2882	U_1	1 只
9	发光二极管	绿色	LED	1 只
10	DC 插座	DC-25	DC	1 个
11	盘式电位器	14×2×15kΩ	VOL	2 只
12	拨动开关	SK12D07VG3	SW	1 个
13	导线	60mm，红色	电源正	1 根
14	导线	60mm，黑色	电源负	1 根
15	彩线	120mm×2p 红/黑	喇叭线	2 根
16	音频线	320mm	3.5 单头	1 条
17	前壳	塑壳		1 个
18	电池壳	塑壳		1 个
19	电池后盖	塑壳		1 个

续表

序号	元器件名称	元器件规格	位号	数量
20	左音箱前壳	塑壳		1 个
21	左音箱后壳	塑壳		1 个
22	右音箱前壳	塑壳		1 个
23	右音箱后壳	塑壳		1 个
24	拨动钮	塑壳		1 个
25	底座	塑壳		1 个
26	喇叭	50mm×2W×4Ω	L-BI	2 个
27	海绵垫	20mm×20mm×8mm	已装入壳中	2 个
28	电池负片			1 个
29	电池正片			1 个
30	电池连片（正负）			1 个
31	电池连片（负正）			1 个
32	弹片			4 颗
33	螺钉	2×6PA		16 颗
34	电路板			1 块

旧底图总号	更改标记	数量	更改单号	签名	日期	签名		日期	第　　页
						拟制			共　　页
底图总号						审核			第　　册
						标准化			共　　册

4）装配工具工艺文件的填写如表 7-6 所示。

表 7-6　装配工具工艺文件

装配工具、仪表明细表			产品名称/型号		产品图号
			足球外观有源小音箱		
序号	名称	型号	数量	备注	
1	指针式万用表	MF47	1 块		
2	数字式万用表	ATW9205A	1 块		
3	电烙铁及配件	25-35W	1 套		
4	镊子	15cm	2 把		
5	斜口钳	5cm	1 把		
6	焊锡丝	1mm	若干		
7	助焊剂（松香）		若干		
8	组合螺钉旋具	常用型号	1 套		

旧底图总号	更改标记	数量	更改单号	签名	日期	签名		日期	第　　页
						拟制			共　　页
底图总号						审核			第　　册
						标准化			共　　册

5）电路说明工艺文件的填写如表 7-7 所示。

电子产品结构与工艺

表 7-7　电路说明工艺文件

工艺说明及电路图			产品名称/型号	产品图号
			足球外观有源小音箱	

JC328 型足球外观有源小音箱电路原理图如图 7-1 所示。

旧底图总号	更改标记	数量	更改单号	签名	日期	签名		日期	第　页
						拟制			共　页
底图总号						审核			第　册
						标准化			共　册

6）PCB 工艺文件的填写如表 7-8 所示。

表 7-8　PCB 工艺文件

PCB 正、背面图			产品名称/型号	产品图号
			足球外观有源小音箱	

JC328 型足球外观有源小音箱电路 PCB 正、背面如图 7-2 所示。

旧底图总号	更改标记	数量	更改单号	签名	日期	签名		日期	第　页
						拟制			共　页
底图总号						审核			第　册
						标准化			共　册

184

7）装配流程工艺文件的填写如表 7-9 所示。

表 7-9　装配流程工艺文件

装配工艺流程	产品名称/型号		产品图号
	足球外观有源小音箱		

JC328 型足球外观有源小音箱的装配说明及实训流程。

1．准备工作

清点元器件的个数、种类，并检查元器件的质量。

2．插装元器件

根据原理图和印刷图来插装元器件，插装要求正确、美观、整齐、不歪斜。在插装区分极性的元器件时，如电解电容 C_3、C_4、C_5、C_6、C_9，发光二极管 LED，集成电路（IC）等，要认真对比电路的原理图和印刷图，正确插装，千万不能插反。

3．焊接元器件

按照焊接工艺要求认真焊接元器件，焊点要求光亮、牢固，防止虚焊、搭焊等常见错误。焊接最需要注意的是焊接的温度和时间。焊接时要使电烙铁的温度高于焊锡，但是不能太高，以烙铁头的松香刚刚冒烟为好。焊接的时间不能太短，避免因温度太低，焊锡熔化不充分，造成虚焊；焊接的时间也不能太长，时间长焊锡容易流淌，使元器件过热，容易损坏，还容易将 PCB 烫坏，或者造成焊接短路现象。

4．组装电池盒

在电池正负极片上上锡后，将电池极片正确插装到位，用 60mm 红、黑导线将电路板的正、负极分别和电池正、负极对应相连。

5．扬声器的装配连接

把两根 120mm 彩线分别焊接在 PCB 的 R、L 处，并通过轴上的中心孔焊接到扬声器上，把扬声器放在音箱内，然后用海绵和前壳固定螺钉固定扬声器，最后把 320mm 音频线焊接在 PCB 上的 R、L、GND 对应的位置。

6．电路板的固定

电路板用螺钉固定，合上外壳并用螺钉固定。

7．装配的注意事项

1）焊接电阻，按 $R_1 \sim R_7$ 的顺序焊接，与电路图对应。

2）焊接电容，注意正负极和读数。

3）焊接发光二极管 LED 灯时，注意灯的摆放位置与极性。

4）焊接喇叭时注意正负极。

5）焊接彩线和音频线注意 R、L、GND 位置等细节问题。

6）安装电池正片时注意符合电池极性的要求。

7）安装螺钉时注意力度。

8）安装小音箱时注意别用力过大，避免损害元器件

旧底图总号	更改标记	数量	更改单号	签名	日期	签名		日期	第　页
						拟制			共　页
底图总号						审核			第　册
						标准化			共　册

【活动 2】JC328 型足球外观有源小音箱的装配

装配时要严格遵守电子产品装配的安全操作规程(具体内容见项目6任务1活动4)。

1. 装配工具准备

准备实训的工具及耗材,包括松香、焊锡丝、镊子、斜口钳、电烙铁及配件、工作台。

2. 装配器件准备

1)JC328 型足球外观有源小音箱是一款造型别致的有源小音箱,由两个半球和底座组成,每个半球内装有一只亮膜小喇叭,底座内装有电路板,电路使用经典的 TDA2882 双声道功放集成电路,带有电源开关、电源 LED 指示灯、双声道音量电位器,以及接外接电源用的空心插座。底座下面设有可以装 4 节 7 号电池的电池槽。电路组装比较简单,按照原理图和印板图焊好元器件并组装好外壳即可,基本不用调试就能正常工作。

套件产品附有双声道音频输入线,线上有 3.5mm 的双声道插头,套件产品不含电池和外接电源。

组装好后的足球外观小音箱如图 7-3 所示,就像一个工艺品,可以摆放在床头、书桌、电脑桌等地方,音源可以使用 MP3 或计算机等输出。

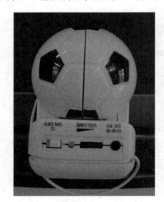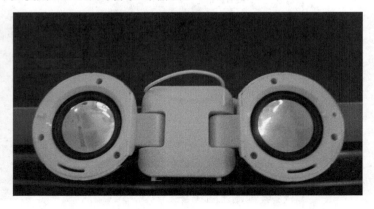

图 7-3　足球外观小音箱

2)主要器件介绍。

① 集成电路 TDA2882。TDA2882 是一片双声道小功率放大集成电路,其作用是推动图 7-3 右图中的两个小扬声器。

② 盘式电位器。盘式电位器是一个可变电阻器,主要用于小型音响设备的前置音量控制,有单联、双联两种,如图 7-4 所示。

③ 拨动开关 SK12D07VG3。拨动开关通过拨动开关柄使电路接通或断开,达到切换电路的目的。拨动开关常用的品种有单极双位、单极三位、双极双位及双极三位等。

拨动开关具有动作灵活、性能稳定可靠的特点，一般用于低压电路，如各种仪器、仪表设备，各种电动玩具、传真机、音响设备、医疗设备、美容设备等电子产品领域，其外形如图7-5所示。

图7-4　盘式电位器　　　　　　　　　　　图7-5　拨动开关

④ 扬声器。扬声器，俗称喇叭，是一种把电信号转变为声信号的换能器件，它主要在能发声的电子电气设备中出现。扬声器的性能优劣决定音质好坏。扬声器的实物如图7-6所示。

图7-6　扬声器

3．工艺文件准备

JC328型足球外观有源小音箱元器件清单和装配工具清单详见表7-5和表7-6。
JC328型足球外观有源小音箱电路工作原理及电路图详见表7-7。
JC328型足球外观有源小音箱电路PCB详见表7-8。

4．装配说明及装配流程

JC328型足球外观有源小音箱元器件实物如图7-7所示，其装配流程详见表7-9。

【活动3】实训报告的填写

请根据实际完成情况填写如表7-10所示的实训报告。

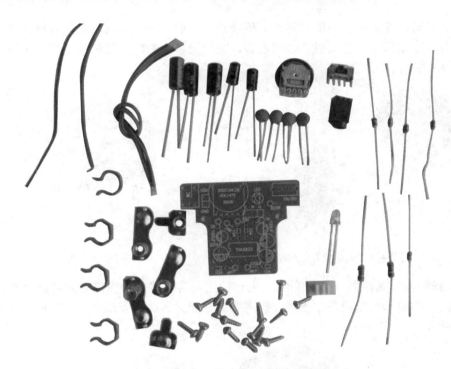

图 7-7　JC328 型足球外观有源小音箱元器件

表 7-10　JC328 型足球外观有源小音箱的装配实训报告

专业		班级		学生		指导教师	
学科		实训课题			实训时间	年　月　日	
实训目的							
实训内容							
实训所需器材							
实训步骤							
实训结果							
指导教师检查意见							

任务评价

本任务评价由三个部分组成，即学生自评、小组评价和教师评价，并按照学生自评占 30%、小组评价占 30%、教师评价占 40% 计入总分，最后将各评价结果及最终得分填入表 7-11 所示的任务评价表中。

表 7-11　JC328 型足球外观有源小音箱的装配任务评价表

活动	考核要求	配分	学生自评	小组评价	教师评价	得分
工艺文件的编制与填写	会编制与填写简单的装配工艺文件	30 分				
JC328 型足球外观有源小音箱的装配	掌握电子产品装配的工作流程，能完成电子产品的装配操作过程	40 分				
实训报告的填写	会对电子产品的整机进行检验	20 分				
安全文明操作	学习中是否有违规操作	10 分				
总分		100 分				

知识拓展

音响的发展历史

1. 电子管时代

1906 年美国人德福雷斯特发明了真空三极管，开创了人类电声技术的先河。1927 年贝尔实验室发明了负反馈技术，使音响技术的发展进入了一个崭新的时代。20 世纪 50 年代，电子管放大器的发展达到了一个高潮时期，各种电子管放大器层出不穷。

2. 晶体管时代

20 世纪 60 年代晶体管出现，广大音响爱好者进入了一个更为广阔的音响天地。晶体管放大器具有音色细腻动人、失真低、频响宽等特点。

3. 集成电路时代

20 世纪 60 年代初，美国首先推出了音响技术中的新成员——集成电路，到了 70 年代初，集成电路以质优价廉、体积小、功能多等特点，逐步被音响界所认识。

4. 场效应管时代

20 世纪 70 年代中期，日本生产出第一只场效应功率管。由于场效应音响功率管同时具有电子管纯厚、甜美的音色以及动态范围达 90dB、THD＜0.01%（100kHz）时的特点，很快在音响界流行。现今的许多放大器都采用了场效应管作为末级输出。

■■自我测试与提高■

（1）简述 JC328 型足球有源小音箱装配实训过程。

（2）简述工艺文件的编制与填写过程。

（3）总结装配实训过程的不足。

任务 2　JC808 型热释红外电子狗的装配

【背景介绍】

传感技术的发展大致分为三个阶段，即结构型传感器、固体传感器、智能传感器。其中，智能传感器是 20 世纪 80 年代发展起来的。到了 90 年代，智能化测量技术有了进一步的提高。汽车的智能化是智能传感器的典型代表。

■■生活中来■

在人们进入商场、店铺的时候，常常会听见"欢迎光临"的声音，这就是热释红外电子狗或同类电子产品发出的声音。生活中的遥控器，家庭、单位、汽车等安装的报警装置也属于类似产品。

任务描述

实训现场准备电子装接工具及 JC808 型热释红外电子狗套件一套，要求学生在实训中了解和掌握 JC808 型热释红外电子狗的装配方法；熟悉工艺文件的编制与填写。JC808 型热释红外电子狗装配知识任务单如表 7-12 所示，请根据实际完成情况填写。

表 7-12　JC808 型热释红外电子狗装配知识任务单

序号	活动名称	计划完成时间	实际完成时间	备注
1	工艺文件的编制与填写			
2	JC808 型热释红外电子狗的装配			
3	实训报告的填写			

任务实施

【活动 1】工艺文件的编制与填写

1. 工艺文件的编制

（1）JC808 型热释红外电子狗的装配资料

1）JC808 型热释红外电子狗元器件清单如表 7-13 所示。

表 7-13　JC808 型热释红外电子狗元器件清单

序号	名称	规格	符号	数量
1	电阻	22 kΩ	R_1、R_{10}	2 只
2	电阻	5.1 MΩ	R_2	1 只
3	电阻	2.2 MΩ	R_3、R_5、R_9、R_{12}	4 只
4	电阻	47 kΩ	R_4	1 只
5	电阻	10kΩ	R_6	1 只
6	电阻	470kΩ	R_7	1 只
7	电阻	2.2Ω	R_8、R_{14}	2 只
8	电阻	270kΩ	R_{11}、R_{13}、R_{15}、R_{17}	4 只
9	电阻	560Ω	R_{16}	1 只
10	陶瓷电容	0.1μF	C_9、C_{11}	2 只
11	陶瓷电容	0.01μF	C_3、C_4、C_6、C_7	4 只
12	陶瓷电容	0.001μF	C_{10}	1 只
13	电解电容	47μF	C_1、C_2、C_{12}、C_{13}	4 只
14	电解电容	10μF	C_5、C_8、C_{14}	3 只
15	集成电路（IC）	BISS0001	IC_1	1 片
16	集成电路（IC）	C002	IC_2	1 片
17	热释传感器	D203S	Y_1	1 只
18	发光二极管	红色	LED	1 只
19	三脚电感		L_1	1 个
20	拨动开关	SK12D07VG4	K_1	1 个
21	晶体管	9013	VT_3	1 只
22	晶体管	9014	VT_1、VT_2	2 只
23	导线	红色、黑色	接电源	各 1 根
24	导线	黄色	接蜂鸣片	2 根
25	压电蜂鸣片	27mm	BL	1 只
26	菲涅尔透镜	59mm×46mm	3.5 单头	1 片
27	自攻螺钉	2×5		3 颗
28	电池片	正、负		各 1 个
29	电池片	连体簧		3 个
30	塑料件			1 套
31	电路板	48mm×41mm		1 块
32	说明书			1 份

2）JC808 型热释红外电子狗的电路工作原理图如图 7-8 所示。

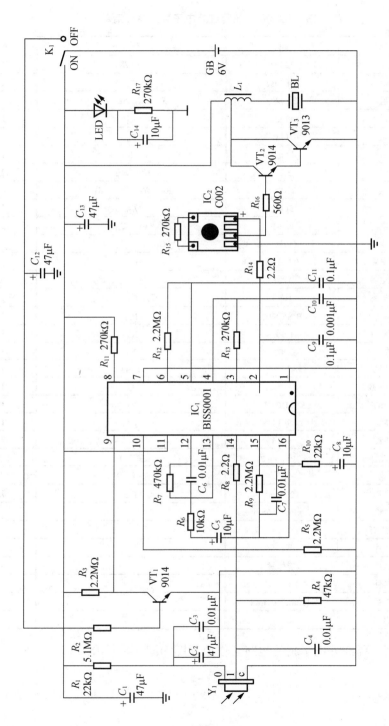

图 7-8 JC808 型热释红外电子狗电路工作原理图

3）工作原理。在图 7-8 中，IC_1 内部的运算放大器 OP_1 将热释电红外传感器 Y_1 的输出信号作第一级放大，然后由电解电容器 C_5 耦合给 IC_1 内部的运算放大器 OP_2 进行第二级放大，再经由电压比较器 COP_1 和 COP_2 构成的双向鉴幅器处理后，检出有效触发信号 V_s 来启动延迟时间定时器，输出信号 V_0 经 R_{14} 驱动报警音乐片 IC_2 工作，VT_2 和 VT_3 构成复合晶体管用来推动压电蜂鸣片发出声音。

当电源开关 K_1 在 OFF 位置时，电源经 R_2 使 VT_1 饱和导通，则 IC_1 的 9 脚保持为低电平，从而封锁从热释传感器来的触发信号 V_s，电路不工作。当电源开关 K_1 在 ON 位置时，热释传感器经 R_1 得电处于工作状态，VT_1 处于截止状态使 IC_1 的 9 脚保持为高电平，IC_1 处于工作状态。C_1、C_{13} 是电源滤波电容，LED 和 R_{17} 构成电源指示电路。

4）JC808 型热释红外电子狗 PCB 背面如图 7-9 所示。

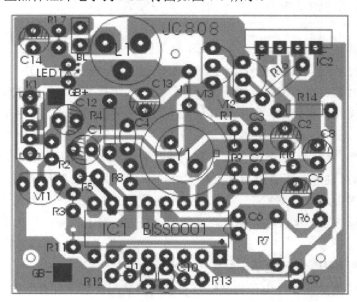

图 7-9　JC808 型热释红外电子狗 PCB 背面

5）JC808 型热释红外电子狗的装配说明。拿到套件后，首先认真阅读说明书，把所有的元器件放到一个容器中，电阻器、电容器等器件很小，防止丢失，要认真识别参数。用手拿 PCB 时请拿边，不要拿背面，防止手上的灰尘和汗液污染 PCB 的焊盘。按照 PCB 上标明的器件的参数，将对应的器件按要求插装即可，防止插错。

元器件在 PCB 正面（字符面）插装。报警音乐片 IC_2 焊接在 PCB 槽口相应处，先将振荡电阻 R_{15} 焊接在报警音乐片上，然后将报警音乐片与覆铜焊接处都上锡，再用少量锡将报警音乐片下方的四个方焊盘分别与 PCB 覆铜的对应处相连接。

焊接二极管、晶体管、集成电路、热释传感器时应注意极性。热释传感器 Y_1 上有一个突出部位与 PCB 上突出标示相对应即可。三脚电感中的长脚插在 PCB 上 L_1 处有圈的那个孔中，其他两个脚顺着插在另外两个孔中即可。

将两根黄色导线焊接在蜂鸣片上（焊接时注意对温度的把握），构成两个脚，然后焊接在 PCB 的 BL 处。

三个连体簧和正极片、负极簧片，构成三节电池的串联，一般用红色导线焊接电源正极线，黑色导线焊接电源负极线。

所有元器件在覆铜面完成焊接后，要认真检查，防止错焊、虚焊，保证正确插装和焊接。

用剪刀将"菲涅尔透镜"（白色塑料片）四周白色无纹路的框边剪掉，放置在面壳中，然后用固定塑料框加以固定，即用电烙铁将四个突出塑料点烫熔完成固定。

将圆形共鸣腔置入面壳中，用电烙铁将三个突出塑料点烫熔完成固定。将压电蜂鸣片放在圆槽中，用电烙铁将周边突出塑料点烫熔完成固定，保证固定牢固，这样发出的声音才洪亮。

组装完成并认真检查无误后，将 PCB 装入壳中并用 3 颗螺钉固定，同时把前、后壳扣在一起，然后装入 3 节 7 号电池测试效果。拨动开关 K_1 到"ON"，即可产生报警声，延时一段时间后自动停止，然后进行热释红外人体报警实验，当人体靠近时即可产生报警声。如果没有报警声，则要认真检查电路是否有焊接错误，如果有错误，应加以修改。

整机完成后，将前、后盖紧扣在一起，并在后盖上插装好万向轮，万向轮座可以按要求自行安装。（**注意**：探头应避免直对室外，以免人员走动引起误报；探头应远离冷热源，如空调器出风口、暖气等；安装及使用时应避免阳光、汽车灯光等直射探头；安装在墙角或者墙面上，建议安装高度在离地面 1.5～3m 位置，可以防止小动物跑来跑去引起误报。）

（2）JC808 型热释红外电子狗装配工艺文件的编制

根据 JC808 型热释红外电子狗装配资料编制的装配工艺文件有文件封面、工艺文件目录、元器件工艺文件、装配工具工艺文件、电路说明工艺文件、PCB 工艺文件、装配流程工艺文件、调试工艺文件。

2. 工艺文件的填写

1）文件封面的填写如表 7-14 所示。

表 7-14　文件封面

电子产品实训
工 艺 文 件

文件类别： 电子产品实训工艺文件
文件名称：热释红外电子狗装配指导书
产品型号：JC808
产品名称：热释红外电子狗
产品图号：
本册内容：元器件工艺、导线加工、插件工艺、焊接、外壳组装

第 1 册
共 1 册
共　　页

批准：

年　　月

2）工艺文件目录的填写如表 7-15 所示。

表 7-15　工艺文件目录

工艺文件目录		产品名称/型号		产品图号	
		热释红外电子狗			
序号	工艺文件名称	页码		备注	
1	工艺文件封面				
2	工艺文件目录				
3	元器件工艺文件				
4	装配工具工艺文件				
5	电路说明工艺文件				
6	PCB 工艺文件				
7	装配流程工艺文件				
8	调试卡				

旧底图总号	更改标记	数量	更改单号	签名	日期	签名		日期	第　页	
						拟制			共　页	
底图总号						审核			第　册	
						标准化			共　册	

3）元器件工艺文件的填写如表 7-16 所示。

表 7-16　元器件工艺文件

电路元器件清单			产品名称/型号	产品图号
			热释红外电子狗	
序号	元器件名称	元器件规格	位号	数量
1	电阻	22 kΩ	R_1、R_{10}	2 只
2	电阻	5.1 MΩ	R_2	1 只
3	电阻	2.2 MΩ	R_3、R_5、R_9、R_{12}	4 只
4	电阻	47 kΩ	R_4	1 只
5	电阻	10 kΩ	R_6	1 只
6	电阻	470 kΩ	R_7	1 只
7	电阻	2.2 Ω	R_8、R_{14}	2 只
8	电阻	270 kΩ	R_{11}、R_{13}、R_{15}、R_{17}	4 只
9	电阻	560 Ω	R_{16}	1 只
10	陶瓷电容	0.1 μF	C_9、C_{11}	2 只

续表

序号	元器件名称	元器件规格	位号	数量
11	陶瓷电容	0.01μF	C_3、C_4、C_6、C_7	4 只
12	陶瓷电容	0.001μF	C_{10}	1 只
13	电解电容	47μF	C_1、C_2、C_{12}、C_{13}	4 只
14	电解电容	10μF	C_5、C_8、C_{14}	3 只
15	集成电路（IC）	BISS0001	IC_1	1 片
16	集成电路（IC）	C002	IC_2	1 片
17	热释传感器	D203S	Y_1	1 只
18	发光二极管	红色	LED	1 只
19	三脚电感		L_1	1 个
20	拨动开关	SK12D07VG4	K_1	1 个
21	晶体管	9013	VT_3	1 只
22	晶体管	9014	VT_1、VT_2	2 只
23	导线	红色、黑色	接电源	各1根
24	导线	黄色	接蜂鸣片	2 根
25	压电蜂鸣片	27mm	BL	1 只
26	菲涅尔透镜	59mm×46mm	3.5 单头	1 片
27	自攻螺钉	2×5		3 颗
28	电池片	正、负		各1个
29	电池片	连体簧		3 个
30	塑料件			1 套
31	电路板	48mm×41mm		1 块

旧底图总号	更改标记	数量	更改单号	签名	日期	签名		日期	第　页
						拟制			共　页
底图总号						审核			第　册
						标准化			共　册

4）装配工具工艺文件的填写如表 7-17 所示。

表 7-17　装配工具工艺文件

装配工具、仪表明细表			产品名称/型号	产品图号
			热释红外电子狗	
序号	名称	型号	数量	备注
1	指针式万用表	MF47	1块	
2	数字式万用表	ATW9205A	1块	
3	电烙铁及配件	25～35W	1套	
4	镊子	15cm	2把	
5	斜口钳	5cm	1把	

序号	名称	型号	数量	备注
6	剥线钳	5cm	1把	
7	焊锡丝	1mm	若干	
8	助焊剂（松香）		若干	
9	组合螺钉旋具	常用型号	1套	
10	剪刀		1把	

旧底图总号	更改标记	数量	更改单号	签名	日期	签名		日期	第　页
						拟制			共　页
底图总号						审核			第　册
						标准化			共　册

5）电路说明工艺文件的填写如表 7-18 所示。

表 7-18　电路说明工艺文件

工艺说明及电路图		产品名称/型号	产品图号
		热释红外电子狗	

JC808 型热释红外电子狗电路原理图如图 7-8 所示。

旧底图总号	更改标记	数量	更改单号	签名	日期	签名		日期	第　页
						拟制			共　页
底图总号						审核			第　册
						标准化			共　册

6）PCB 工艺文件的填写如表 7-19 所示。

表 7-19　PCB 工艺文件

PCB 背面图		产品名称/型号	产品图号
		热释红外电子狗	

JC808 型热释红外电子狗电路 PCB 背面如图 7-9 所示。

旧底图总号	更改标记	数量	更改单号	签名	日期	签名		日期	第　页
						拟制			共　页
底图总号						审核			第　册
						标准化			共　册

7）装配流程工艺文件的填写如表 7-20 所示。

表7-20　装配流程工艺文件

装配工艺流程	产品名称/型号	产品图号
	热释红外电子狗	

JC808 型热释红外电子狗的装配说明及实训流程。

1．准备工作

清点元器件的个数、种类，并检查元器件的质量。

1）全套散件如图 7-10 所示。

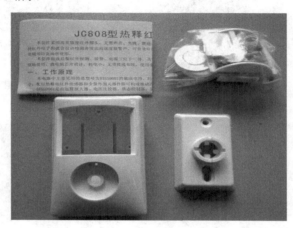

图 7-10　全套散件

2）全套电子元器件如图 7-11 所示。

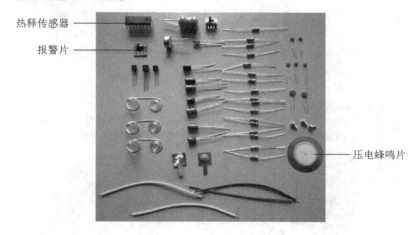

图 7-11　全套电子元器件

2．电阻器的装配焊接

电阻器在 JC808 型热释红外电子狗电路中共有 17 只，其中集成电路 IC_2 上的振荡电阻 R_{15} 的焊接（元器件面和覆铜面）如图 7-12 所示。电阻器装配如图 7-13 所示。

续表

装配工艺流程	产品名称//型号	产品图号
	热释红外电子狗	

（a）元器件面　　　　　（b）覆铜面

图 7-12　电阻器的焊接

图 7-13　电阻器的装配

3．电容器的装配焊接

电容器在 JC808 型热释红外电子狗电路中共有 14 只，其中，瓷片电容 7 只，电解电容 7 只。电解电容器在装配时要注意极性，PCB 上有白色斜线的端为负极。电容器的装配如图 7-14 所示。

电容插装时注意极性

（a）陶瓷电容的装配　　　　　（b）电解电容的装配

图 7-14　电容器的装配

续表

装配工艺流程	产品名称/型号	产品图号
	热释红外电子狗	

4．发光二极管和三脚电感的装配焊接

三脚电感中的长脚插在 PCB 上 L_1 处有圈的孔中，其他两个脚顺着插在另外两个孔中即可，如图 7-15 所示。

发光二极管

图 7-15　发光二极管和三脚电感的装配

5．金属跳线（J）的装配焊接

金属跳线的装配如图 7-16 所示。

金属跳线

图 7-16　金属跳线的装配

6．晶体管（两只）的装配焊接

在 JC808 型热释红外电子狗电路中，要焊接两只晶体管，分别是 VT_2（9014）、VT_3（9013）［重点说明：VT_1（9014）不用焊接，因为其工作状态，由开关 K_1 代替了］。晶体管的装配如图 7-17 所示。

装配工艺流程	产品名称/型号	产品图号
	热释红外电子狗	

图 7-17　晶体管的装配

7．集成电路、传感器和开关的装配焊接

JC808 型热释红外电子狗电路中有集成电路 1 片、传感器 1 个、开关 1 个，它们在电路中的装配位号如图 7-18 所示。

图 7-18　集成电路、传感器和开关的装配

8．报警集成电路的装配焊接

在 JC808 型热释红外电子狗电路中，报警集成电路就是 C002 芯片，该芯片在电路中的装配焊接过程如下。

1）C002 在焊接前上锡，如图 7-19 所示。

续表

装配工艺流程	产品名称/型号	产品图号
	热释红外电子狗	

焊接处先上锡

图 7-19 焊接前上锡

2）C002 与电路焊接，如图 7-20 所示。

再将C002与
PCB焊接在
一起

图 7-20 C002 与电路焊接

3）C002 装配完成如图 7-21 所示。

C002

图 7-21 C002 装配完成

装配工艺流程	产品名称/型号	产品图号
	热释红外电子狗	

9. 蜂鸣片的装配焊接

1）蜂鸣片与导线的装配如图 7-22 所示。

图 7-22　蜂鸣片与导线的装配

2）蜂鸣片、电池线的装配焊接如图 7-23 所示。

图 7-23　蜂鸣片、电池线的装配焊接

10. 菲涅尔透镜的处理

1）用剪刀将菲涅尔透镜（白色塑料片）四周白色无纹路的框边剪掉，如图 7-24 所示。

图 7-24　菲涅尔透镜的处理

续表

装配工艺流程	产品名称/型号	产品图号
	热释红外电子狗	

2）用塑料镜框固定菲涅尔透镜，如图7-25所示。

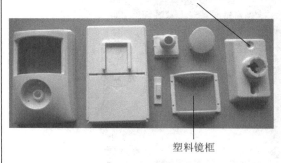

用电烙铁烫塑料支
柱，固定于前壳中

塑料镜框

图7-25　菲涅尔透镜的固定

11．前壳上的共鸣腔与共鸣塑料罩的处理

将共鸣塑料罩置于前壳上的共鸣腔中，并用电烙铁烫熔支柱固定，如图7-26所示。

图7-26　共鸣腔与共鸣塑料罩的处理

12．电池片与电池盒的装配处理

1）电池片与电池盒的组件如图7-27所示。

图7-27　电池片与电池盒的组件

装配工艺流程	产品名称/型号	产品图号
	热释红外电子狗	

2）电池片与电池盒的组装如图 7-28 所示。

图 7-28　电池片与电池盒的组装

3）电池片上锡如图 7-29 所示。

在电池片上上锡 ——

图 7-29　电池片上锡

13．PCB 上电源导线、蜂鸣片导线的连接

PCB 上电源导线、蜂鸣片导线的连接如图 7-30 所示。

图 7-30　PCB 上电源导线、蜂鸣片导线的连接

装配工艺流程	产品名称/型号	产品图号
	热释红外电子狗	

14. 完整 PCB 放入后壳中的实物

将安装好的 PCB 放入后壳中的实物如图 7-31 所示。

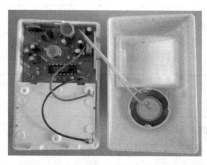

图 7-31　完整 PCB 放入后壳中的实物

15. 后壳与万向轮塑料件的组装

后壳与万向轮塑料件的组装如图 7-32 所示。

后壳　　　　万向轮　　　万向轮插入后壳上　　　　万向轮座

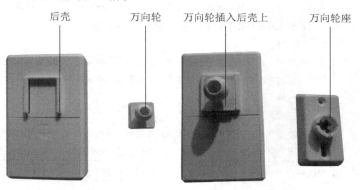

图 7-32　后壳与方向轮塑料件的组装

16. JC808 型热释红外电子狗整机的效果

JC808 型热释红外电子狗整机的效果如图 7-33 所示。

图 7-33　JC808 型热释红外电子狗整机的效果

17. 清理实训台

装配完成后清理实训台。

续表

旧底图总号	更改标记	数量	更改单号	签名	日期	签名		日期	第 页
						拟制			共 页
底图总号						审核			第 册
						标准化			共 册

8）调试工艺文件的填写如表 7-21 所示。

表 7-21　调试工艺文件

		产品名称/型号	调试项目
	调试卡	热释红外电子狗	

1. JC808 型热释红外电子狗的装配检查

JC808 型热释红外电子狗装配完成后，要认真检查各部分，无误后，将 PCB 装入壳中并用 3 颗螺钉固定，同时把前、后壳扣在一起，然后装入 3 节 7 号电池测试效果。

2. 通电测试

把 JC808 型热释红外电子狗放在桌上，拨动开关 K_1 到 "ON"，即可产生报警声，延时一段时间后自动停止，然后进行热释红外人体报警实验，当人体靠近时即可产生报警声。如果没有报警声，则要认真检查电路是否有焊接错误，如果有错误，应加以修改。

3. 成品组装

整机完成后，将前、后盖紧扣在一起，并在后盖上插装好万向轮，万向轮座可以按要求自行安装。需要注意的是，探头应避免直对室外，以免人员走动引起误报；探头应远离冷热源，如空调器出风口、暖气等。

4. 成品安装

在 JC808 型热释红外电子狗成品安装及使用时，应避免阳光、汽车灯光等直射探头；安装在墙角或者墙面上，建议安装高度在离地面 1.5～3m 位置，可以防止小动物跑来跑去引起误报。

旧底图总号	更改标记	数量	更改单号	签名	日期	签名		日期	第 页
						拟制			共 页
底图总号						审核			第 册
						标准化			共 册

【活动 2】JC808 型热释红外电子狗的装配

装配时要严格遵守电子产品装配的安全操作规程（具体内容见项目 6 任务 1 活动 4）。

1. 装配工具准备

准备实训的工具及耗材，包括松香、焊锡丝、镊子、斜口钳、电烙铁及配件、工作台。

2. 装配器件准备

1）JC808 型热释红外电子狗采用高灵敏度红外探头，无须声音、光线、震动，即使是处于漆黑的状态，入侵者一旦进入 10m 左右监控范围，热释红外电子狗就会自动检测并发出高强度报警声，可有效吓阻入侵者。本套件适合家庭、学校、仓库、商店、菜棚等防盗场所使用。

2）主要器件介绍。

① 集成电路 BISS0001。BISS0001 是一款高性能的传感信号处理集成电路。它是由运算放大器、电压比较器、状态控制器、延迟时间定时器及封锁时间定时器等构成的数模混合专用集成电路。静态电流极小，配以热释传感器和少量外围元器件即可构成被动式的热释红外传感报警器，广泛用于安防、自控等领域，如图 7-34 所示。

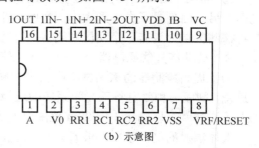

（a）实物图　　　　　　　　　　　　（b）示意图

图 7-34　集成电路 BISS0001

② 报警音乐芯片 C002。C002 是一种比较简单的语音电路，它通过内部的振荡电路，再外接少量分立元器件，就能产生各种音乐信号。C002 是语音集成电路的一个重要分支，目前广泛应用于音乐卡、电子玩具、电子钟、电子门铃、家用电器等场合，如图 7-35 所示。

图 7-35　报警音乐芯片 C002

③ 热释传感器 D203S。D203S 是由一种高热电系数的材料构成的，在每个探测器内装入一个或两个探测元件，并将两个探测元件以反极性串联，以抑制由于其自身温度升高而产生的干扰。由探测元件将探测接收到的红外辐射转变成微弱的电压信号，经装在探头内的场效应管放大后向外输出。D203S 比较敏感，能够检测来自四面八方的红外辐射。若想使传感器检测范围针对某一个方向，需用一个小管子将传感器周围套起来，以避免周围红外辐射的干扰。一般采用的是 8mm×8mm（直径×高）的热缩套管。其实物图及内部结构如图 7-36 所示。

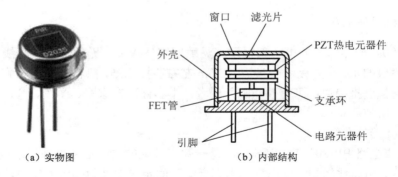

（a）实物图　　　　　　　（b）内部结构

图 7-36　热释红外线传感器（D203S）

④ 菲涅尔透镜。菲涅尔透镜多是由聚烯烃材料注压而成的薄片，镜片表面一面为光面，另一面刻录了由小到大的同心圆。菲涅尔透镜的作用有两个：一是聚焦作用；二是将探测区域分为若干个明区和暗区，使进入探测区域的移动物体能以温度变化的形式在 PIR（被动红外线探测器）上产生红外信号。

为了提高探测器的探测灵敏度以增大探测距离，一般在探测器的前方装设一个菲涅尔透镜，制成一种具有特殊光学系统的透镜。它和放大电路相配合，可将信号放大 70dB 以上，这样就可以测出 10～20m 范围内人的行动。

人体辐射的红外线中心波长为 9～10μm，而探测元件的波长灵敏度在 0.2～20μm 内几乎稳定不变。在传感器顶端开设了一个装有滤光镜片的窗口，这个滤光片可通过的光的波长为 7～10μm，正好适合人体红外辐射的探测，而其他波长的红外线则由滤光片吸收，这样便形成了一种专门用作探测人体辐射的红外线传感器。菲涅尔透镜如图 7-37 所示。

图 7-37　菲涅尔透镜

⑤ 压电蜂鸣片。压电蜂鸣片由锆钛酸铅或铌镁酸铅压电陶瓷材料制成。在接通电源后（1.5～15V 直流工作电压），多谐振荡器起振，输出 1.5～2.5kHz 的音频信号，阻抗匹配器推动压电蜂鸣片发声。压电蜂鸣片如图 7-38 所示。

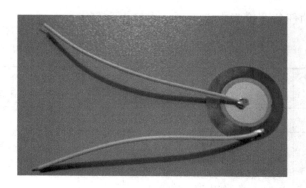

图 7-38 压电蜂鸣片

3. 工艺文件准备

JC808 型热释红外电子狗元器件清单和装配工具清单详见表 7-16 和表 7-17。
JC808 型热释红外电子狗电路工作原理及电路图详见表 7-18。
JC808 型热释红外电子狗 PCB 详见表 7-19。

4. 装配说明及装配流程

JC808 型热释红外电子狗装配说明及装配流程详见表 7-20。

5. 调试和组装

JC808 型热释红外电子狗调试和组装过程详见表 7-21。

【活动 3】实训报告的填写

请根据实际完成情况填写如表 7-22 所示的实训报告。

表 7-22　JC808 型热释红外电子狗的装配实训报告

专业		班级		学生		指导教师		
学科		实训课题			实训时间		年　　月　　日	
实训目的								
实训内容								
实训器材								
实训步骤								
实训结果								
指导教师检查意见								

任务评价

本任务评价由三个部分组成，即学生自评、小组评价和教师评价，并按照学生自评占 30%、小组评价占 30%、教师评价占 40% 计入总分，最后将各评价结果及最终得分填入表 7-23 所示的任务评价表中。

表 7-23　JC808 型热释红外电子狗的装配任务评价表

活动	考核要求	配分	学生自评	小组评价	教师评价	得分
工艺文件的编制与填写	会编制与填写简单的装配工艺文件	30 分				
JC808 型热释红外电子狗的装配实训	掌握电子产品装配的工作流程；能完成电子产品的装配操作过程；掌握热释红外传感器的作用和原理；掌握 JC808 型热释红外电子狗的功能、作用及电路结构	40 分				
实训报告填写	会对电子产品的整机进行检验	20 分				
安全文明操作	学习中是否有违规操作	10 分				
总分		100 分				

知识拓展

红外线

1．红外线简介

红外线又称为红外热辐射，是太阳光中众多不可见光中的一种，是英国科学家赫歇尔 1800 年发现的。他将太阳光用三棱镜分解开，在各种不同颜色的色带位置上放置了温度计，试图测量各种颜色光的加热效应。结果发现，位于红光外侧的那支温度计升温最快。因此得到结论：太阳光谱中，红光的外侧必定存在看不见的光线，这就是红外线。红外线也可以当作传输媒介。太阳光谱上红外线的波长大于可见光线，波长为 0.75～1000μm。红外线可分为三部分：近红外线，波长为 0.75～3μm；中红外线，波长为 3～40μm；远红外线，波长为 40～1000μm。

2．红外线的特性

（1）热效应

红外线一旦被物体吸收，红外线辐射能量就转化为热能，加热物体使其温度升高。当红外线辐射器产生的电磁波（即红外线）以光速直接传播到某物体表面，其发射频率与物体分子运动的固有频率相匹配时，就引起该物体分子的强烈振动，在物体内部发生剧烈摩擦，产生热量。所以，常称红外线为热辐射线，称红外线辐射为热辐射或温度辐射。

（2）抗干扰性

由于红外线的波长较长、频率较低，所以抗干扰力强，在遥控电路、报警器等方面得到广泛应用。

自我测试与提高

（1）简述 JC808 型热释红外电子狗装配的实训过程。

（2）简述工艺文件的编制和填写过程。

（3）总结装配实训过程的不足。

任务 3　液位控制电路的装配

生活中来

在我们的现实生活中，随时都能看见控制技术的存在。在高科技领域：火箭、卫星的发射，太空飞船的控制等；在日常生活领域：各种家用电器的控制、汽车的电子控制系统、门锁控制、学校的上课铃等。现在的控制系统多数采用电子控制系统完成对目标的控制。

任务描述

实训现场准备电子装接工具及液位控制电路套件一套，要求学生在实训中熟悉工艺文件的编制与填写；掌握液位控制电路的装配；会填写实验报告。液位控制电路的装配知识任务单如表 7-24 所示，请根据实际完成情况填写。

表 7-24　液位控制电路的装配知识任务单

序号	活动名称	计划完成时间	实际完成时间	备注
1	工艺文件的编制与填写			
2	液位控制电路的装配			
3	实训报告的填写			

任务实施

【活动 1】工艺文件的编制与填写

1. 工艺文件的编制

（1）液位控制电路的装配资料

1）电路原理图及 PCB。液位控制电路原理图如图 7-39 所示。

【背景介绍】

控制技术是人类在生产生活中为了使事物按照希望的方式沿某一确定的方向发展所使用的手段或方法。随着生产力水平的不断提高以及新技术的广泛应用，控制技术已从人工控制发展到机械控制，再发展到当代的电子控制。电子控制技术是一种运用电子电路实现信息或能量改变的技术。

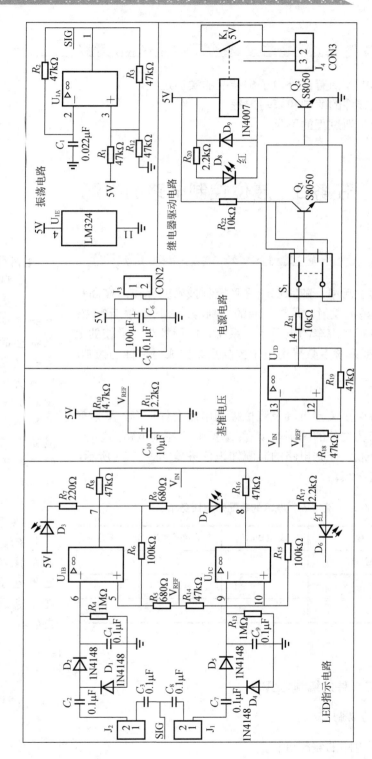

图 7-39 液位控制电路原理图

液位控制电路 PCB 如图 7-40 所示。

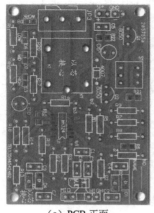

(a) PCB 正面　　　　　　　　　　　(b) PCB 背面

图 7-40　液位控制器电路 PCB

2）工作原理。整个系统由振荡电路、LED 指示电路、继电器驱动电路、基准电压及电源电路构成。

① 振荡电路：U_{1A} 及外围元件组成一个多谐振荡器，工作在放大比较器状态。R_1 和 R_{12} 对 5V 进行分压，R_3 为正反馈电阻，共同作为同相输入 3 脚的基准电压 V_+，反相输入端 2 脚 V_- 取自 R_2、C_1 组成的积分电路。V_+ 与 V_- 进行比较，决定输出 SIG 电压的高低，由于 C_1 不断在正反两个方向充电和放电，使 V_- 的电压不断大于 V_+ 和小于 V_+，输出的 SIG 电压也就不断在高低电平间翻转，这样就产生了系统所需的振荡信号 SIG。

② LED 指示电路：此电路包括整流滤波和电压比较两部分。C_2 为耦和电容，D_1、D_2 整流，C_4 滤波，在 R_4 上形成整流滤波后的电压作为 U_{1B} 反相输入端电压。同相输入端电压由基准电压 V_{REF} 提供，同相输入端电压和反相输入端电压进行比较，若同相输入端电压大于反相输入端电压，则输出高电平；反之输出低电平。J_1 和 J_2 外接水位传感器，相当于是由水位控制的两个开关，低水位时 J_1 和 J_2 均为开路状态，R_4 和 R_{13} 上无电压。此时，U_1 的 7 脚和 8 脚均输出高电平，故只有 LOW（D_6）（低水位指示）发光。中水位时，水位传感器使 J_1 短路，SIG 信号经 C_8 耦合、经导电液体到 C_7 耦合、D_4 和 D_5 整流、C_9 滤波在 R_{13} 上形成电压作为 U_{1C} 反相输入端电压；此电压大于 U_{1C} 同相输入端电压，所以 8 脚输出低电平，LOW（D_6）（低水位指示）熄灭，MID（D_7）（中水位指示）发光。高水位时，水位传感器使 J_2 也短路，SIG 信号经 C_3 耦合、经导电液体到 C_2 耦合、D_1 和 D_2 整流、C_4 滤波在 R_4 上形成电压，作为 U_{1B} 反相输入端电压；此电压大于 U_{1B} 同相输入端电压，所以 7 脚输出低电平，MID（D_7）（中水位指示）熄灭，HIGH（D_3）（高水位指示）发光。

③ 继电器驱动电路：LED 指示电路中的两个输出端 7 脚和 8 脚经 R_8 和 R_{16} 分压后得到 V_{IN} 电压，作为 U_{1D} 电压比较器的反相输入端电压；同相输入端电压由基准电压 V_{REF}

提供，当 V_{REF} 大于 V_{IN} 时，14 脚输出高电平，反之则输出低电平。S_1 为功能切换开关，以 14 脚输出低电平为例来说明功能切换开关的工作原理，功能 1（原理图上开关向上拨动）低电平经 R_{21} 限流到 Q_2 的基极，Q_2 截止，继电器不工作。功能 2（原理图上开关向下拨动）低电平经 R_{21} 限流到 Q_1 的基极，Q_1 截止，5V 电压（高电平）经 R_{22} 再经开关到 Q_2 的基极，Q_2 导通，继电器得电工作。

④ 基准电压：由 R_{10} 与 R_{11} 串联分压获得基准电压，C_{10} 起到进一步稳定基准电压的作用。电阻分压计算公式为

$$V_{REF}=5 \times R_{11} \div (R_{10}+R_{11})$$

⑤ 电源电路：DC5V 供电，C_5、C_6 滤波。

3）元器件清单如表 7-25 所示。

表 7-25 液位控制电路元器件清单

序号	名称	型号/规格	位号	数量
1	电阻	220Ω	R_7	1 只
2	电阻	680Ω	R_5、R_9	2 只
3	电阻	2.2kΩ	R_{11}、R_{17}、R_{20}	3 只
4	电阻	4.7kΩ	R_{10}	1 只
5	0805 贴片电阻	10kΩ	R_{21}、R_{22}	2 只
6	电阻	47kΩ	R_1、R_2、R_3、R_8、R_{12}、R_{14}、R_{16}、R_{18}、R_{19}	9 只
7	0805 贴片电阻	100kΩ	R_6、R_{15}	2 只
8	电阻	1MΩ	R_4、R_{13}	2 只
9	电解电容	10μF	C_{10}	1 只
10	电解电容	100μF	C_6	1 只
11	二极管	1N4007	D_9	4 只
12	1206 贴片	1N4148	D_1、D_2、D_4、D_5	1 只
13	LED	0805 贴片	D_3、D_6、D_7、D_8	4 只
14	集成电路	贴片 LM324	U_{1E}	1 片
15	按键开关	8×8	S_1	1 个
16	继电器	5V	K_1	1 只
17	接线端子	201－3P	JP_3	1 个
18	双面 PCB			1 片
19	瓷片电容	0.1μF	C_2、C_3、C_4、C_5、C_7、C_8、C_9	7 只
20	瓷片电容	0.022μF	C_1	1 只
21	晶体管	S8050	Q_1、Q_2	2 只

续表

序号	名称	型号/规格	位号	数量
22	接线鼻子（液位探头）	EV0805	冷压	4个
23	红黑导线	截面0.5mm²，长90cm		1根
24	热缩管	孔径8mm，长2cm		2只

4）传感器的制作。传感器由两组导线构成。如果在实际应用中感觉中水位和高水位距离不够，则可用两条导线分别焊接在中水位感应上。

传感器探头由接线鼻子、导线和热缩管构成，将红黑双线用剥线钳去皮 8mm，用接线鼻子固定，在接线鼻子的塑料帽部分套上热缩管，对热缩管进行加热，使热缩管完全收缩将探头并排包好（接线鼻子金属部分不能被包裹），如图 7-41 所示。

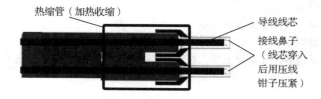

图 7-41　传感器探头

在实际应用中，传感器探头固定于水池深度的位置为对应的水位感应点，应该确保 HIGH（高水位探头）位置高于 MID（中水位的位置）。MID 固定位置以下为低水位。

将红黑导线取下 10cm 作为供电导线；剩下部分裁剪为两节，分别为 HIGH 和 MID 传感器配件。

5）功能测试。

① 先不用插传感器的两条线，通电后，此时低水位 [LOW（D_6）] LED 应发光。

② 用镊子把 J_1 短路（模拟水涨到中水位），此时中水位 [MID（D_7）] LED 应发光。

③ 在保持 J_1 短路的情况下，用一把镊子将 J_2 短路（模拟水涨到高水位），此时高水位 [HIGH（D_3）] LED 灯应发光，继电器吸合（继电器指示 LED 发光）。

注意：通电前请先检查电源极性是否正确，一旦接反，U_1 会发烫，可能损坏 U_1；贴片 LED 带有颜色标示的一端为 LED 阴极；供电电压不能超过电路额定电压。

（2）液位控制电路简单装配工艺文件的编制

根据液位控制电路装配资料编制的装配工艺文件有文件封面、工艺文件目录、元器件工艺文件、装配工具工艺文件、电路说明工艺文件、PCB 工艺文件、装配流程工艺文件、调试工艺文件。

2. 工艺文件的填写

1）文件封面的填写如表 7-26 所示。

表 7-26　文件封面

电子产品实训
工 艺 文 件

文件类别：电子产品实训工艺文件
文件名称：液位控制电路装配指导书
产品型号：
产品名称：液位控制电路
产品图号：
本册内容：元器件工艺、导线加工、插件工艺、焊接、外壳组装

第 1 册
共 1 册
共　页

批准：
年　月

2）工艺文件目录的填写如表 7-27 所示。

表 7-27　工艺文件目录

工艺文件目录		产品名称/型号		产品图号		
		液位控制电路				
序号	工艺文件名称	页号		备注		
1	工艺文件封面					
2	工艺文件目录					
3	元器件工艺文件					
4	装配工具工艺文件					
5	电路说明工艺文件					
6	PCB 工艺文件					
7	装配流程图					
8	调试卡					

旧底图总号	更改标记	数量	更改单号	签名	日期	签名		日期	第 页
						拟制			共 页
底图总号						审核			第 册
						标准化			共 册

3）元器件工艺文件的填写如表 7-28 所示。

表 7-28　元器件工艺文件

电路元器件清单			产品名称	产品图号
			液位控制器	
序号	元器件名称	元器件规格	位号	数量
1	电阻	220Ω	R_7	1 只
2	电阻	680Ω	R_5、R_9	2 只
3	电阻	2.2kΩ	R_{11}、R_{17}、R_{20}	3 只
4	电阻	4.7kΩ	R_{10}	1 只
5	0805 贴片电阻	10kΩ	R_{21}、R_{22}	2 只
6	电阻	47kΩ	R_1、R_2、R_3、R_8、R_{12}、R_{14}、R_{16}、R_{18}、R_{19}	9 只
7	0805 贴片电阻	100kΩ	R_6、R_{15}	2 只
8	电阻	1MΩ	R_4、R_{13}	2 只
9	电解电容	10μF	C_{10}	1 只
10	电解电容	100μF	C_6	1 只
11	二极管	1N4007	D_9	1 只
12	1206 贴片	1N4148	D_1、D_2、D_4、D_5	4 只
13	热缩管	孔径 8mm，长 2cm		2 只
14	LED	0805 贴片	D_3、D_6、D_7、D_8	4 只
15	集成电路	贴片 LM324	U_{1E}	1 片
16	按键开关	8×8	S_1	1 个
17	继电器	5V	K_1	1 个
18	接线端子	201—3P	JP_3	1 只
19	双面 PCB			1 片
20	瓷片电容	0.1μF	C_2、C_3、C_4、C_5、C_7、C_8、C_9	7 只
21	瓷片电容	0.022μF	C_1	1 只
22	晶体管	S8050	Q_1、Q_2	2 只
23	接线鼻子（液位探头）	EV0805	冷压	4 只
24	红黑导线	截面 0.5mm²，长 90cm		1 条

旧底图总号	更改标记	数量	更改单号	签名	日期	签名		日　期	第　页
						拟制			共　页
底图总号						审核			第　册
						标准化			共　册

4）装配工具工艺文件的填写如表 7-29 所示。

表 7-29　装配工具工艺文件

装配工具、仪表明细表			产品名称/型号		产品图号
			液位控制电路		
序号	名称	型号	数量	备注	
1	指针式万用表	MF47	1块		
2	数字式万用表	ATW9205A	1块		
3	电烙铁及配件	25-35W	1套		
4	镊子	15cm	2把		
5	斜口钳	5cm	1把		
6	剥线钳	5cm	1把		
7	焊锡丝	1mm	若干		
8	助焊剂（松香）		若干		
9	组合螺钉旋具	常用型号	1套		

旧底图总号	更改标记	数量	更改单号	签名	日期	签名		日期	第　页
						拟制			共　页
底图总号						审核			第　册
						标准化			共　册

5）电路说明工艺文件的填写如表 7-30 所示。

表 7-30　电路说明工艺文件

工艺说明及电路图	产品名称/型号	产品图号
	液位控制电路	

液位控制电路原理图如图 7-39 所示。

旧底图总号	更改标记	数量	更改单号	签名	日期	签名		日期	第　页
						拟制			共　页
底图总号						审核			第　册
						标准化			共　册

6）PCB 工艺文件的填写如表 7-31 所示。

表 7-31　PCB 工艺文件

	PCB 正、背面图		产品名称	产品图号
			液位控制器	
液位控制电路 PCB 正、背面如图 7-40 所示。				

旧底图总号	更改标记	数量	更改单号	签名	日期	签名		日期	第　页
						拟制			共　页
底图总号						审核			第　册
						标准化			共　册

7）装配流程工艺文件的填写如表 7-32 所示。

表 7-32　装配流程工艺文件

	装配工艺流程		产品名称/型号	产品图号
			液位控制电路	

液位控制电路的装配说明及实训流程。

1. 准备工作

清点元器件个数、种类，并检查元器件的质量。

2. 插装元器件

根据原理图和印刷图来插装元器件，插装要求正确、美观、整齐、不歪斜。在插装区分极性的元器件时，如电解电容 C_{10}、C_6，发光二极管 LED、集成电路（IC）等，要认真对比电路原理图和印刷图，正确插装，千万不能插反。

3. 焊接元器件

（1）通孔元器件的焊接

按照焊接工艺要求认真焊接元器件，焊点要求光亮、牢固、防止虚焊、搭焊等常见错误。焊接最需要注意的是焊接的温度和时间。焊接时要使电烙铁的温度高于焊锡，但是不能太高，以烙铁接头的松香刚刚冒烟为好，焊接的时间要适当，焊接时间短焊锡的温度太低，焊锡熔化不充分，焊点粗糙容易造成虚焊；而焊接时间长，焊锡容易流淌，使元器件过热，容易损坏，还容易将 PCB 烫坏，或者造成焊接短路现象。

（2）SMT 元器件的手工焊接

对于引脚较少的 SMT 元器件，若不具备组装产品设备，则在维修时可采用手工直接焊接。贴片元器件手工焊接工艺的步骤与方法如下。

1）在焊接之前先在焊盘上涂上助焊剂，用电烙铁处理一遍，以免焊盘镀锡不良或被氧化，造成不好焊，芯片则一般不需处理。

装配工艺流程	产品名称/型号	产品图号
	液位控制电路	

2）用镊子小心地将集成芯片放到 PCB 上，注意不要损坏引脚。使其与焊盘对齐，要保证芯片的放置方向正确。把电烙铁的温度调到超过 300℃，将电烙铁头尖沾上少量的焊锡，用工具向下按住已对准位置的芯片，在两个对角位置的引脚上加少量的助焊剂，仍然向下按住芯片，焊接两个对角位置上的引脚，使芯片固定而不能移动。在焊完对角后，重新检查芯片的位置是否对准。如有必要，可进行调整或拆除并重新在 PCB 上对准位置。

3）当开始焊接所有的引脚时，应在电烙铁尖上加上焊锡，将所有的引脚涂上助焊剂，使引脚保持湿润。用电烙铁尖接触芯片每个引脚的末端，直到看到焊锡流入引脚。在焊接时要保持电烙铁尖与被焊引脚并行，防止因焊锡过量发生搭接。

4）焊接完所有的引脚后，用焊剂浸湿所有引脚，以便清洗焊锡。在需要的地方吸掉多余的焊锡，以消除任何短路和搭接。最后，用镊子检查是否有虚焊，检查完成后，从 PCB 上清除焊剂，将硬毛刷浸上酒精并沿引脚方向仔细擦拭，直到焊剂消失为止。

5）贴片阻容元件则相对容易焊一些，可以先在一个焊点上点上锡，然后放上元件的一头，用镊子夹住元件，焊上一头之后，再看看是否放正了；如果已放正，就再焊上另外一头。贴片阻容元件的焊接如图 7-42 所示。

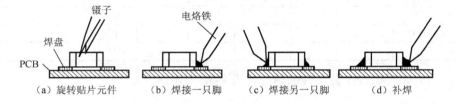

图 7-42　贴片阻容元件的焊接

4．传感器的制作

传感器由两组导线构成。如果在实际应用中感觉中水位和高水位距离不够，则可用两条导线分别焊接在中水位感应上。

传感器探头由接线鼻子、导线和热缩管构成，将红黑双线用剥线钳去皮 8mm，用接线鼻子固定，在接线鼻子的塑料帽部分套上热缩管，对热缩管进行加热使热缩管完全收缩，将探头并排包好（接线鼻子的金属部分不能被包裹）。

5．传感器的连接

在实际应用中，传感器探头固定于水池深度的位置为对应的水位感应点，应该确保 HIGH（高水位探头）位置高于 MID（中水位探头）的位置。MID 固定位置以下为低水位。

将红黑导线取下 10cm 作为供电导线，剩下部分裁剪为两节，分别为 HIGH 和 MID 传感器配件。

6．PCB 的固定

PCB 用螺钉固定。

旧底图总号	更改标记	数量	更改单号	签名	日期	签名		日 期	第　页
						拟　制			共　页
底图总号						审　核			第　册
						标准化			共　册

8）调试工艺文件的填写如表 7-33 所示。

表 7-33　调试工艺文件

调试卡					产品名称/型号		调试项目	
					液位控制电路			
1）先断开传感的两条线，通电后，此时低水位 [LOW（D_6）] LED 应发光。 2）用镊子把 J_1 短路（模拟水涨到中水位），此时中水位 [MID（D_7）] LED 应发光。 3）保持 J_1 短路，再用一把镊子将 J_2 短路（模拟水涨到高水位），此时高水位 [HIGH（D_3）] LED 灯 　应发光，继电器吸合（继电器指示 LED 发光）。 **注意**：通电前请先检查电源极性是否正确，一旦接反，U_1 会发烫，可能损坏 U_1。贴片 LED 带有颜 色标示的一端为 LED 阴极。供电电压不能超过电路额定电压。								
旧底图总号	更改标记	数量	更改单号	签名	日期	签名		第　页
						拟制		共　页
底图总号						审核		第　册
						标准化		共　册

【活动 2】液位控制电路的装配

装配时要严格遵守电子产品装配的安全操作规程（具体内容见项目6任务1活动4）。

1. 装配工具准备

准备实训工具及耗材，包括松香、焊锡丝、镊子、斜口钳、电烙铁及配件、工作台。

2. 装配器件准备

1）液位控制电路的工作电压为5V，继电器触点容量为3A/250V。液位控制器控制可实现以下两种功能（功能①和功能②通过按键 S_1 切换）。

① LED 分别指示低（LOW）、中（MID）、高（HIGH）水位，低水位时继电器吸合（外接水泵工作），开始加水，水位升高到高水位时继电器断开（水泵停止工作），待水位再次降到低水位时继电器再次吸合，上述过程循环。此功能应用在自动加水设备中，可让水位维持在低水位和高水位之间。

② LED 分别指示低（LOW）、中（MID）、高（HIGH）水位，高水位时继电器吸合（外接电磁阀工作），开始排水，水位降到低水位时继电器断开（电磁阀停止工作），待水位再次升高到高水位时继电器再次吸合，上述过程循环。此功能应用在自动排水设备中，可让水位维持在低水位和高水位之间。

2）主要器件介绍。

① 集成电路LM324。LM324是四运放集成电路，它采用14脚双列直插塑料封装。它的内部包含四组形式完全相同的运算放大器，除电源共用外，四组运放相互独立。其示意图及实物如图 7-43 所示。

（a）示意图　　　　　　　　　　　　　　　　（b）实物图

图 7-43　集成电路 LM324

② 水位传感器。水位传感器是将感受到的水位信号传送到控制器，将实测的水位信号与设定信号进行比较，得出偏差，然后根据偏差的性质，向给水电动阀发出"开""关"的指令，保证容器达到设定水位。水位传感器实物如图 7-44 所示。

③ 继电器。继电器是一种电流控制器件，它实际上是用小电流去控制大电流运作的一种"自动开关"。故在电路中起着自动调节、安全保护、转换电路等作用。继电器实物如图 7-45 所示。

图 7-44　水位传感器　　　　　　　　　　　　图 7-45　继电器

④ 接线鼻子 EV0805。接线鼻子主要用于导线与小型电源器件的连接，用螺钉拧紧固定。接线鼻子又称引进鼻子，简称鼻子、线鼻子，其实物如图 7-46 所示。

图 7-46　接线鼻子

⑤ 热缩管。热缩管是一种特制的聚烯烃材质热收缩套管，具有遇热收缩的特殊功能，加热到一定温度以上即可收缩，使用方便。热缩管由外层优质柔软的交联聚烯烃材料及内层热熔胶复合加工而成。外层材料有绝缘、防蚀、耐磨等特点，内层有低熔点、防水密封和高黏接性等优点。热缩管实物如图 7-47 所示。

图 7-47 热缩管

3. 工艺文件准备

液位控制电路元器件清单和装配工具清单详见表 7-28 和表 7-29。
液位控制电路工作原理及电路图详见表 7-30。
液位控制电路 PCB 详见表 7-31。

4. 装配说明及装配流程

液位控制电路元器件实物如图 7-48 所示，其装配实训流程详见表 7-32。

图 7-48 液位控制器元器件实物图

5. 液位控制电路的调试

液位控制器的调试详见表 7-33。

【活动 3】实训报告的填写

请根据实际完成情况填写如表 7-34 所示的实训报告。

表 7-34 液位控制电路的装配实训报告

专业		班级		学生		指导教师	
学科		实训课题		实训时间	年　月　日		
实训目的							
实训内容							
实训器材							
实训步骤							
实训结果							
指导教师检查意见							

任务评价

本任务评价由三个部分组成，即学生自评、小组评价和教师评价，并按照学生自评占 30%、小组评价占 30%、教师评价占 40% 计入总分，最后将各评价结果及最终得分填入表 7-35 所示的任务评价表中。

表 7-35 液位控制器的装配任务评价表

活动	考核要求	配分	学生自评	小组评价	教师评价	得分
工艺文件的编制与填写	会编制与填写简单的装配工艺文件	30 分				
液位控制器的装配	掌握电子产品装配的工作流程，能完成电子产品的装配操作过程	40 分				
实训报告的填写	会对电子产品的整机进行检验	20 分				
安全文明操作	学习中是否有违规操作	10 分				
总分		100 分				

知识拓展

合格焊点的标准

1）焊点呈内弧形（圆锥形）。

2）焊点整体要圆满、光滑、无针孔、无松香渍。

3）如果有引线、引脚，那么它们的露出引脚长度要在1～1.2mm。

4）零件脚外形可见锡的流散性好。

5）焊锡将整个上锡位置及零件脚包围。

自我测试与提高

液位控制电路电子装配与调试技能考核

学校：＿＿＿＿＿＿＿　　姓名：＿＿＿＿＿＿＿＿＿　　学籍号：＿＿＿＿＿＿＿

1. 元器件的识别、筛选和检测

仔细清点套装材料的数量，对套装元器件进行识别、检测与筛选，并将检测过程填入表7-36。

表7-36　元器件的识别、筛选和检测

元器件	识别及检测内容			配分	评分标准	得分
电阻器	数码标志	标称值	实际值	2分	检测错不得分	
	红红黑棕					
	棕黑黑黄					
电容器	数码标志	容量值/μF		1分	检测错不得分	
	223					
0805 发光二极管	D₃	正向电阻	反向电阻	1分	检测错不得分	
		数字表　（　　） 指针表　（　　）	数字表　（　　） 指针表　（　　）			
晶体管	面对标注面，单管脚向上，画出管外形示意图，标出管脚名称			3分	检测错不得分	
	Q₁					
二极管	4007	正向电阻	反向电阻	2分	检测错1项，不得分	
		数字表　（　　） 指针表　（　　）	数字表　（　　） 指针表　（　　）			
继电器	K₁	面对管脚，画出外形示意图，标出公共端和常开、常闭管脚	线圈电阻值	3分	检测错不得分	

2. 液位控制电路的焊接

要求焊点大小适中，无漏、假、虚、连焊，焊点光滑、圆润、干净，无飞边；引脚加工尺寸及成形符合工艺要求；导线长度、剥头长度符合工艺要求，芯线完好，捻头镀锡。

疵点少于 5 处扣 1 分，5～10 处扣 5 分，10～15 处扣 10 分，15～20 处扣 15 分，20～25 处扣 20 分，25 处以上扣 25 分。

3. 液位控制电路的装配

要求 PCB 插件位置正确，元器件极性正确，元器件、导线安装及字标方向均应符合工艺要求；接插件、紧固件安装可靠牢固，PCB 安装对位；无烫伤和划伤处，整机清洁无污物。

装配不符合工艺要求：少于 5 处扣 1 分；5～10 处扣 3 分；10～20 处扣 5 分；20 处以上扣 10～15 分。

4. 液位控制电路的调试

（1）调试并实现液位控制的基本功能

1）液位显示电路工作正常。

2）继电器自动控制电路工作正常。

3）传感器控制电路工作正常。

（2）检测与调试

1）电路中所用的发光二极管，其内部介质为_____，要使它正常发光，应给其两端加_____（正向、反向）电压，通电后测量其工作电压为_____，估测其工作电流范围一般为_____。

2）用镊子把 MID 传感器短路，可以模拟水涨到_____（低、中、高）水位，此时指示灯_____（D_3、D_6、D_7）发光。保持 MID 短路，再用一把镊子将 HIGH 传感器短路，可以模拟水涨到_____水位。

3）当继电器吸合时，此时_____和_____两个发光二极管点亮，测量点亮的供电电压为_____、电流为_____，计算此时电路的功率是_____。

4）若传感器高低水位接反了，则电路会出现_____
_____现象。

（3）电路功能扩展

要求使用该控制 PCB，选择添加部分外围控制模块，实现一个日常使用的功能。请说明所需要的外围控制模块、电路的功能及其运行流程。

项目 8

电子产品整机调试和检验

电子产品的调试、检验技术是随着电子产品的产生而产生的，是电子产品生产过程后期的重要工序，对于电子整机的生产来说，调试是必不可少的工序。产品装配完毕后，必须通过调试才能使功能和各项技术指标达到规定的要求。而电子产品检验是现代电子企业生产中必不可少的质量监控手段，它主要起到了对产品生产过程的控制、质量把关和判断产品的合格性等作用。

知识目标

1）了解电子产品整机调试的内容、程序、方法。
2）了解电子产品整机调试的应用工具和仪器种类。
3）了解电子产品整机检验的种类和内容。

技能目标

1）掌握电子产品整机调试的程序和方法。
2）掌握常用仪器仪表及电子装配工具的使用。
3）掌握电子产品整机检验的方法。

情感目标

1）培养学生爱岗敬业、团结协作的职业精神。
2）培养学生对电子产品调试、检验技术的学习兴趣和爱好。
3）养成自主学习与探究学习的良好习惯。
4）强化安全生产、节能环保和产品质量等职业意识。
5）养成良好的工作方法、工作作风和职业道德。

任务 1　电子产品整机调试的一般程序和方法

▇ 生活中来 ▇

　　亲爱的同学们,你们知道吗,由于元器件的特性参数都不可避免地存在一些差异,这样就会使电路的各种性能出现较大的偏差,加之在装配过程中产生的各种分布参数的影响,就不能使整机电路组装后立即正常工作。因此,我们常常在电子整机装配完成之后,对电子产品进行整机调试,通过调试使电子产品达到规定的技术要求,再经整机检验质量合格后,经过包装才能成为一件合格的电子产品。

任务描述

　　本任务主要完成三个活动内容,即常用的电子产品调试仪器、电子产品整机调试的内容和分类、电子产品整机调试的一般程序和方法。其中,常用电子产品调试仪器的学习为后续任务的基础,而电子产品整机调试的一般程序和方法是本任务中的重点学习内容。电子产品整机调试的一般程序和方法知识任务单如表 8-1 所示,请根据实际完成情况填写。

表 8-1　电子产品整机调试的一般程序和方法知识任务单

序号	活动名称	计划完成时间	实际完成时间	备注
1	常用的电子产品调试仪器			
2	电子产品整机调试的内容和分类			
3	电子产品整机调试的一般程序和方法			

任务实施

【活动 1】常用的电子产品调试仪器

　　在电子产品整机的调试过程中离不开仪器仪表,正确安全地掌握仪器仪表的使用方法,是提高工作效率和保障电子产品质量的有力保证。

1. 万用表

万用表是一种多功能、多量程、易操作的便携式测试仪器，它可用来测量电阻，电容，交、直流电压，交、直流电流，音频电平等。常用的万用表有指针式和数字式两类，且各类万用表都有多种型号，但它们的工作原理和组成基本相同。下面分别以 MF 47D 型指针式万用表和 DT-9205T 型数字式万用表为例分别介绍。

（1）认识 MF 47D 型指针式万用表

1）MF 47D 型万用表的外形如图 8-1 所示。

2）MF 47D 型万用表的表盘如图 8-2 所示。

3）MF 47D 型万用表的主要量程是指其测量值的有效范围，如表 8-2 所示。

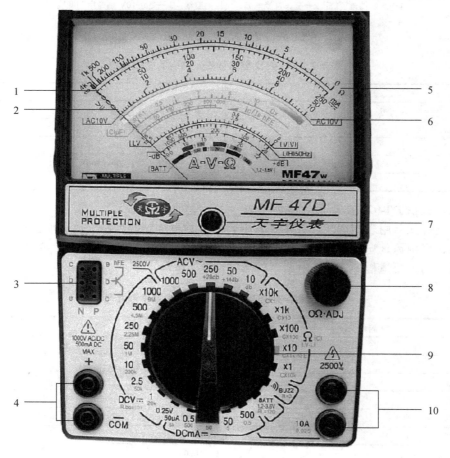

图 8-1　MF 47D 型指针式万用表的外形

1—电流、电压的零位；2—指针；3—晶体管 hFE 测孔；4—测试表笔插孔；5—电阻的零位；
6—刻度反视镜；7—机械调零旋钮；8—电阻调零旋钮；9—转换开关；10—扩展功能开关

图 8-2　MF 47D 型指针式万用表的表盘

1—欧姆挡刻度线；2—交、直流电流、电压刻度线；3—交流 10V 挡专用刻度线；
4—电容读数刻度线；5—晶体管放大倍数专用刻度线；6—负载电压电流刻度线；
7—电感读数刻度线；8—音频电平读数刻度线；9—电池电量专用刻度线

表 8-2　MF 47D 型指针式万用表的主要量程

测量参数	量程
电阻	0～∞（分 5 挡）
直流电流	0～500mA（分 5 挡）、0～10A
直流电压	0～1000V（分 7 挡）、0～2500V
交流电压	0～1000V（分 5 挡）、0～2500V
hFE	0～300

（2）认识 DT-9205T 型数字式万用表

与指针式万用表相比较，数字式万用表的读数更加精确，显示也更加直观，且具有低功耗、多用途、自动调零和自动极性选择等优点，但是价格较高。DT-9205T 型数字式万用表的主要量程如表 8-3 所示，外形如图 8-3 所示。

表 8-3　DT-9205T 型数字式万用表的主要量程

测量参数	量程
电阻	0～200MΩ（分 7 挡）
电容	0～200nF（分 4 挡）
直流电流	0～200mA（分 4 挡）、0～20A
交流电流	0～200mA（分 3 挡）、0～20A
直流电压	0～1000V（分 5 挡）
交流电压	0～750V（分 5 挡）
hFE	0～1000

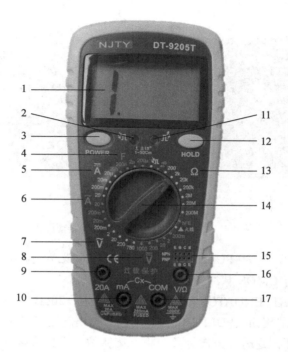

图 8-3 DT-9205T 型数字式万用表的外形

1—液晶显示器；2—红外线接收；3—电源开关；4—电容挡；5—直流电流挡；6—交流电流挡；7—交流电压挡；
8—直流电压挡；9—20A 红表笔插孔；10—mA 电容插孔；11—红外线发射；12—数据保持锁定；13—电阻挡；
14—转换开关；15—晶体管插孔；16—电压、电阻表笔插孔；17—黑表笔 COM 插孔

2. 信号发生器

信号发生器又称信号源或振荡器，在科技领域和生产实践中有着广泛的应用。信号发生器的种类有很多，按波段和频率可分为低频、高频、波形、脉冲信号发生器等。下面我们就介绍其中的一款信号发生器——LW-1641 型函数信号发生器。它是一台功能较强的函数波形发生器。

（1）LW-1641 型函数信号发生器的主要用途

LW-1641 型函数信号发生器能模拟输出某些特定的周期性时间函数波形，如三角波、方波、斜波、正弦波、锯齿波、脉冲波等。它产生的频率为 0.1Hz～2MHz、5MHz、10MHz、15MHz，6 位数字显示。

（2）LW-1641 型函数信号发生器前面板按键功能介绍

该函数信号发生器的前面板按键功能介绍如图 8-4 所示。

图 8-4 中各数字对应名称及作用如下。

1）电源开关（POWER）：按下开关，电源接通，仪器处于工作状态。

2）计数器输入（COUNTER）：外测频率时，信号从此输入。

3）外接输入衰减 20dB，与"3"配合选择工作频率（EXT-20dB）：外测频率信号衰减选择，按下时信号衰减 20dB。

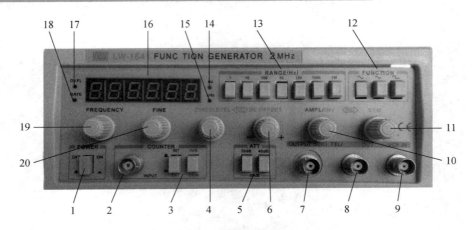

图 8-4　LW-1641 型函数信号发生器前面板

4）TTL、CMOS 调节（PULL TO TTL CMOS LEVEL）：拉出此旋钮可得 TTL 脉冲波，按下此旋钮可行 CMOS 脉冲波，并且其幅度可调。

5）输出衰减（ATTENUATOR）：按下按钮可产生－20dB 或－40dB 衰减。

6）直流偏置调节旋钮（PULL DC OFFSET）：拉出旋钮可设定任何波形的直流工作点，顺时针方向为正，逆时针方向为负，将此旋钮按下则直流电位为零。

7）信号输出（OUT PUT）：输出波形由此输出，阻抗为 50Ω。

8）TTL/CMOS 输出（TTL/CMOS OUT）：输出波形为 TTL/CMOS 脉冲，可作同步信号。

9）VCF 输入（VCF IN）：外接电压控制频率输入端。

10）斜波倒置开关/幅度调节旋钮（PULL AMPL/INV）：①与 "11" 配合使用，拉出时波形反向；②调节输出幅度大小。

11）斜波、脉冲波调节旋钮（PULL.SYM）：拉出此旋钮，可以改变输出波形的对称性，产生斜波、脉冲波且占空比可调，将此旋钮推进则为对称波形。

12）波形选择（FUNCTION）：①输出波形选择；②与 SYM、INV 配合，可得到正、负锯齿波和脉冲波。

13）频率选择开关（RANGE）：频率选择开关与频率调节配合选择工作频率。

14）频率单位（Hz）：指示频率单位，灯亮有效。

15）频率单位（kHz）：指示频率单位，灯亮有效。

16）数字 LED：所有内部产生频率或外测时的频率均由此 6 位 LED 显示。

17）溢出显示（OVFL）：频率溢出时显示。

18）闸门显示（GATE）：此灯闪烁，说明频率计正在工作。

19）频率调节（FREQ UENCY）：内测和外测频率（按下）信号调谐。

20）频率微调（FINE）：与 "19" 配合使用，用于调节更微小的频率。

3．示波器

示波器是一种用途十分广泛的电子测量仪器。它能把随时间变化的、抽象的、人们无法直接看到的电信号的变化规律转换成可以直接观察的波形。通过波形，人们可以观察出各种不同的变量，如电信号的电压幅度、周期、频率、相位等。

示波器可分为模拟示波器和数字示波器，现以 YB4320C 型模拟示波器和 DS1072U 型数字示波器为例介绍面板功能。

（1）YB4320C 型模拟示波器

YB4320C 型模拟示波器（图 8-5）的工作方式是直接测量信号的电压，且通过从左到右穿过示波器屏幕的电子束在垂直方向上描绘电压。其结构一般包括示波管、衰减器、信号放大器和扫描系统等。YB4320C 型模拟示波器前面板按键介绍如表 8-4 所示。

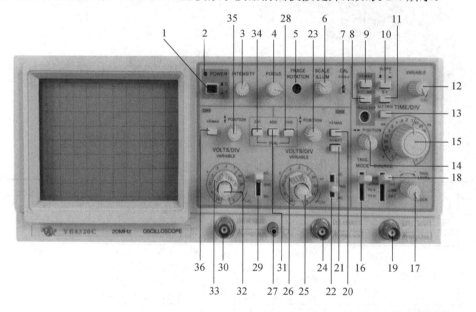

图 8-5　YB4320C 型模拟示波器前面板

表 8-4　YB4320C 型模拟示波器前面板按键介绍

主机电源部分	1．电源开关（POWER）；2．电源指示灯；3．亮度旋钮（INTENSITY）；4．聚焦旋钮（FOCUS）；5．光迹旋转旋钮（TRACE ROTATION）；6．刻度照明控制钮（SCALE ILLUM）
垂直方向部分	20．扫描放大倍率；21．CH2 极性开关（INVERT）；22、29．交流-接地-直流耦合选择开关（AC-GND-DC）；23、35．垂直移位（POSITION）；24．通道 2 输入端[CH1 INPUT(Y)]；25、32．垂直微调旋钮（VARIABLE）；26、33．衰减器开关（VOLT/DIV）；28、34．双踪选择（DUAL）；30．通道 1 输入端[CH1 INPUT(X)]；31．叠加（ADD）；36．扩展（×5）
水平方向部分	7．校准信号（CAL）；8．ALT 扩展按钮（ALT-MAG）；9．扩展控制键（MAGX5）、（MAGX10，仅 YB4360C）；10．触发（TRIG）；11．X-Y 控制键；12．扫描微调控制键（VARIABLE）；13．交替触发（ALT TRIG）；14．水平移位（POSITION）；15．扫描时间因数选择开关（TIME/DIV）；16．触发方式选择（TRIG MOOD）；17．触发电平旋钮（TRIG LEVEL）；18．触发源选择开关（SOURCE）；19．外触发输入插座（EXT INPUT）；27．接地柱（⏚）

（2）DS1072U 型数字示波器

DS1072U 型数字示波器（图 8-6）的工作方式是通过模拟转换器（ADC）把被测电压转换为数字信息。DS1072U 型数字示波器前面板按键功能介绍如表 8-5 所示。

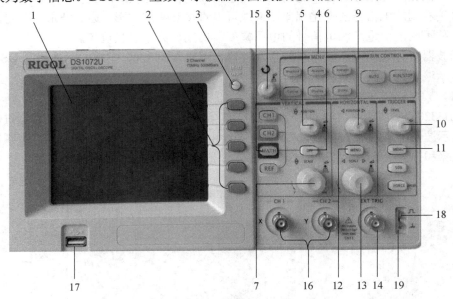

图 8-6　DS1072U 型数字示波器前面板

表 8-5　DS1072U 型数字示波器前面板按键功能介绍

编号	名称	功能说明
1	LCD 显示器	TFT 彩色 LCD 显示器具有 320 像素×234 像素的分辨率
2	主菜单显示键	在显示器上显示或隐藏功能选择菜单
3	开关/待机键	按一次为开机，再按一次为待机状态
4	主要功能键	Measure 键用于自动测试；Acquire 键为波形撷取模式；Storage 键为储存/读取 USB 和内部存储器之间的图形、波形和设定存储；Cursor 键为水平与垂直设定的光标；Display 键为显示模式的设定；Utility 键为系统设定；AUTO 键为自动搜寻信号和设定；RUN/STOP 键为进行或停止浏览信号
5	垂直位置旋钮	调节波形在垂直方向的位置
6	CH1～CH2 菜单键	开启或关闭通道波形显示和垂直功能选择菜单
7	波形 Y 轴灵敏度旋钮	调节波形在 Y 轴的电压标度
8	参数旋钮	调节参数和变换参数
9	水平位置旋钮	将波形向右或向左移动
10	触发水平	设定触发位置
11	触发菜单键	触发信号的设定
12	水平菜单键	水平浏览信号
13	时间刻度旋钮	设置水平方向的时间刻度
14	外触发输入	外触发信号输入端口
15	数学键	根据信道的输入信号执行数学处理
16	信号输入端	通道 CH1 和通道 CH2
17	USB 接口	用于打印、数据存储和读取
18	测试信号输出	输出 2Vpp 的测试棒补偿信号
19	接地端	公共接地

【活动2】电子产品整机调试的内容和分类

调试工作包括调整和测试两个部分。调整主要是对电路参数而言，也就是对整机内可调元器件和电气指标有关的调谐系统、机械传动部分等进行调整，使产品达到规定的性能要求。而测试是在调整的基础上进行的，对整机的各项技术指标进行系统的测试，以此来判断电子设备各项技术指标是否符合预定的要求。总的来说，调试的内容主要有以下几点。

1）明确电子设备调试的要求和目的。

2）正确选择和使用测试仪器仪表。

3）合理地安排调试工艺流程。

4）按照调试工艺对单元PCB或整机进行调整和测试。

5）对调试数据进行认真的分析与处理。

6）分析调试过程中出现的问题，对问题实施故障排除，同时做好记录。

7）写出调试工作报告并提出改进意见。

对于一些简单的小型电子整机（如功放、稳压电源、半导体收音机等）来说，调试工作相对简便，一般在装配完成之后，可直接进行整机调试；而对于结构复杂、性能指标要求较高的整机，调试工作应先分散后集中，即通常可先对单元PCB进行调试，达到要求后再进行总装，最后进行整机调试。

对于大量生产的电子整机（如手机、计算机、电冰箱、空调器、电视机等），调试工作一般在流水作业生产线上按照调试工艺文件的规定进行。比较复杂的大型设备，根据设计要求，可在生产厂进行部分调试工作或粗调，再在实验基地或安装场地按技术文件的要求进行最后的安装和全面的调试。

【活动3】电子产品整机调试的一般程序和方法

电子整机经过装配之后，虽然已把所需要的零部件按安装设计图的要求连接起来，但是由于元器件参数的分散性和在装配过程中产生的各种分布参数的影响，让装配好的电子产品有时达不到设计要求的性能指标，这时就需要通过调试和测试来使其功能和各项技术指标达到规定的要求。由于电子产品种类繁多，加之电路复杂且内部单元电路的种类、要求和技术指标等不同，导致调试程序也不尽相同，电子产品整机一般有以下调试程序和方法。

1. 调试前的准备工作

（1）技术文件的准备

技术文件是产品调试工作的依据，调试之前应准备好下列文件：电路原理图、调试工艺文件、产品技术条件和技术说明书等。调试人员还应仔细阅读调试说明及调试工艺文件，熟悉整机工作原理，以及有关指标和技术条件，了解各参数的调试步骤和方法。

（2）被调试产品的准备

电子产品装配完毕后，经检查符合要求，即可进行调试。根据产品的不同，有的电子产品可以直接进行整机调试，有的则需要先进行分级调试，然后进行整机总调。调试人员在工作前应检查产品的工序卡，查看是否有工序遗漏或签署不完整、无检查合格章等现象，以及产品可调元器件是否连接牢靠等。此外，在通电前，应检查设备的各电源输入端有无短路现象。

（3）仪器仪表的使用和放置

按照技术条件的规定，调试前应先准备好测试所需的各类仪器仪表。调试过程中使用的仪器仪表应经过计量并在有效期之内。但在使用前仍需进行检查，看是否符合技术文件规定的要求，尤其是要查看能否满足测试精度的要求。调试前，仪器仪表应整齐地放置在工作台或专用仪器车上。放置应符合调试工作的要求。

（4）调试场地的准备

调试场地应按要求布置整洁。当调试大型机高压部分时，应在机器周围铺设合乎规定的绝缘胶垫或地板，并将工作场地用拉网围好，必要时可加"高压危险"的警告牌，备好放电棒。

调试人员应按照安全操作规程做好调试前的准备工作，并准备好调试用的图样、文件、工具和备件等，同时还要都放在适当的位置上。

2. 电子整机调试的一般程序

（1）外观检查

外观检查主要检查零部件的外观、面板是否合格，有无伤痕以及 PCB 上有无明显的漏焊、短路现象，元器件是否有装错、装漏等现象。

（2）整机结构的调整

检查机内有无异物和安装是否牢固，检查各单元 PCB、各部件与机座的固定是否可靠，与部件之间连接线的插头和插座的接触是否牢固。

（3）通电检查

各部件调整好之后，检查熔丝是否装入，输入电压是否正确，再接通电源。此时电源指示灯亮，这时我们应注意电子产品有无异味、冒烟、打火、放电等现象，如有，则应断电检查。同时，还应该检查保险开关及控制系统和散热系统是否正常工作等。

（4）电源的调试

为避免因电源电路未经调试带负载而造成部分电子元器件损坏，通常情况下，电源电路的调试应先在空载状态下进行，也就是说，应先切断该电源的一切负载进行初调。在初调正常的情况下，加上额定负载，再进行细调。

（5）单元部件性能指标的调试

对各单元部件进行调试，消除元器件参数的分散性，让各单元部件的功能全部符合整机设计的要求。

（6）整机性能指标的测试

对整机质量进行检查之后，可做全部参数的测试，测试结果均应达到技术指标的要求。

（7）绝缘测试和整机功耗

测试整机的绝缘等级和确定电子产品的功率消耗。

（8）环境试验

检验电子产品适应工作环境的能力。环境试验包括对温度、湿度、气压、冲击和震动等的测试。

（9）老化

老化是模拟整机的实际工作条件，使整机连续长时间试验，使部分产品存在的故障隐患暴露出来，避免带有隐患的产品流入市场。

（10）整机技术指标的复测

经整机通电老化后，由于部分元器件参数可能发生变化，造成整机某些技术性能指标发生偏差，通常还需要进行整机技术指标复测，使出厂的整机具有最佳的技术状态。

（11）合格产品的处理

对合格的产品赋予合格证书，再经包装后方可入库保存。

3. 电子产品整机调试的常用方法

各级电路的调整，首先是各级静态（直流工作状态）的调整，测量各级静态工作点是否符合设计要求。检查静态工作点是分析、判断电路故障的一种最为常见的方法。

（1）电子整机的静态调试

静态是指放大器无输入信号时的状态，也就是放大器的直流工作状态。而静态工作点是电路正常工作的前提，所以电路通电后，首先应测试静态工作点。电子整机的静态调试就是调整各个主要元器件、各级单元电路的直流工作电流和直流工作电压，使其符合设计要求。但是在测量电流时，电流表需要串入电路中，这样往往会引起 PCB 线路的变动，给测试工作带来不便。所以，这时我们可通过测量电压，再根据阻值计算出直流电流的大小。

在对集成电路进行静态调试时，一般是测量其各脚对地的总耗散功率和电压值。如果是对数字电流，还应该测量它的输出电平以判别其性能的好坏。对于分立元器件的收音机电路，调整静态工作点就是调整晶体管的偏置电阻（通常上调偏置电阻），使它的集电极电流达到电路设计要求的值。

（2）电子整机的动态调试

电子整机的动态调试是保证电路各项参数、指标和性能达到要求的重要步骤。动态调试是通过示波器、信号发生器等测量仪表检查各个单元电路是否达到电路设计要求，是否具备相应的选频、变频、放大能力，从而使输出信号的失真减小。其测试的项目包括电路动态工作电压测试、电压的波形、放大倍数、相位关系、幅度和频率测量、频带、动态输出功率和范围等。

总的来说，整机调试的原则一般是先调试机械部分，再调试电气部分。对于机械部分，采用先内后外，先小后大的原则。而对于电气部分，采用先单元后整体，先静态后动态，先调试基本指标后调试整体指标的原则。

任务评价

本任务评价由三个部分组成，即学生自评、小组评价和教师评价，并按照学生自评占 30%、小组评价占 30%、教师评价占 40%计入总分，最后将各评价结果及最终得分填入表 8-6 所示的任务评价表中。

表 8-6　电子产品整机调试的一般程序和方法任务评价表

活动	考核要求	配分	学生自评	小组评价	教师评价	得分
常用的电子产品调试仪器	能根据实训操作的需要，选择合适的调试仪器	20 分				
电子产品整机调试的内容和分类	了解电子产品调试的内容和分类	20 分				
电子产品整机调试的一般程序和方法	熟悉电子产品整机调试的一般程序，并掌握整机调试的常用方法	40 分				
安全文明操作	学习中是否有违规操作	20 分				
总分		100 分				

知识拓展

调试中查找和排除故障

在电子整机调试的过程当中，往往会遇到被调部件或整机达不到工艺文件所规定的性能指标，甚至根本不能工作的情况，这时我们可以采取下列步骤进行故障的查找和排除。

1. 检查出故障现象

被调部件、整机出现故障后，首先要进行初检，了解故障现象，调查故障发生的经过，并做好相应的记录。

2. 进行故障分析

根据电子产品的工作原理、整机结构及维修经验来对故障进行正确分析，同时查找故障的部位和原因。查找时要有清晰的逻辑程序，按级逐次检查。一般程序是先外后内，先粗后细，先易后难，先常见故障后罕见故障。在查找过程中，尤其要重视供电电路的检查和静态工作点的调试。

3. 故障的处理

对于虚焊或线头脱落等简单的故障可以直接处理。对有些需要拆卸部件才能修复的故障，必须做好处理前的准备工作，如做好必要的记录或标记，准备好需要的工具和仪器等。避免拆卸后不能恢复或恢复出错，造成新的故障。在故障处理过程中，对于需要更换的元器件，应使用原规格、原型号的元器件或者性能指标优于原损坏的同类型元器件。

4. 部件、整机的复测

修复后的部件、整机应进行重新调试，如果修复后影响到前一道工序的测试指标，则应将修复从前道工序起按调试工艺流程重新调试，使其各项技术指标均符合规定要求。

5. 修理资料的整理

部件、整机修理结束后，应将故障原因、修理措施等做好台账记录，并对修理的台账资料及时进行整理归档，以不断积累经验，提高业务水平。

自我测试与提高

1. 填空题

（1）_____是保证产品质量和安全生产的重要条件。

（2）电子产品调试的一般程序有_____、_____、_____、_____、_____、_____、_____、_____、_____、_____、_____等。

（3）电子产品整机调试的常用方法是_____和_____。

（4）指针式万用表由_____和_____两大部分构成。

2. 简答题

（1）简述电子产品整机调试工作的主要内容。

（2）简述电子产品调试的工艺程序。

（3）简述小型电子产品或单元 PCB 调试的工艺流程。

（4）简述电子产品故障查找的常用方法。

（5）简述电子产品进行调试的原因。

任务 2 电子产品整机检验的内容

生活中来

在工厂中，电子产品经装配、调试完成后，必须经过检验和包装才能出厂。而整机检验必须由厂家的专门机构进行，检验的目的是保证整机外观和整机性能指标符合出厂要求。检验的方法一般是目测和使用仪器设备对整机性能指标进行测量。

21 世纪是一个信息化的时代,电子技术飞速发展,新的电子产品日益涌现。随着我国加入世界贸易组织,对外开放不断深入和扩大,我国正在成为全球最大的电子信息产品生产和加工基地。产品检验是现代电子企业生产中必不可少的质量监控手段,它主要起到了对产品生产过程的控制、质量把关和判断产品的合格性等作用。

任务描述

本任务主要完成四个任务内容,即电子产品检验的目的和方法、电子产品整机检验的项目、电子产品的可靠性检验和电子产品的包装。其中,电子产品的检验方法是本任务中的重点学习内容。电子产品整机检验的内容知识任务单如表 8-7 所示,请根据实际完成情况填写。

表 8-7　电子产品整机检验的内容知识任务单

序号	活动名称	计划完成时间	实际完成时间	备注
1	电子产品检验的目的和方法			
2	电子产品整机检验的项目			
3	电子产品的可靠性检验			
4	电子产品的包装			

任务实施

【活动1】电子产品检验的目的和方法

1. 电子产品检验的目的

（1）电子产品检验的定义

产品检验就是对产品或服务的一种或多种特性进行测量、检查、试验、计量,并将这些特性与规定的标准进行比较,以确定产品质量是否合格的生产工序。可以说检验是检测、比较和判断的统称。美国质量专家朱兰对"质量检验"一词做了更简明的定义:所谓检验,就是决定产品是否在下道工序使用时适合要求,或是在出厂检验场合,决定能否向消费者提供合格产品的业务活动。

（2）电子产品检验的目的

1）判断产品质量是否合格。

2）确定产品质量等级或缺陷的严重程度。

3）检查工艺流程,监督工序质量;收集、统计并分析质量数据,为质量改进和质量管理活动提供依据。

4）实行仲裁检验,以判定质量事故责任。

（3）电子产品检验的意义

1）电子产品检验是电子产品生产过程中确保产品质量符合规定要求的不可缺少的重要环节。

2）电子产品检验可使生产企业获得合格的原材料、外购件及外协件,保证企业产品质量;若原材料有质量问题,还可为企业的索赔提供依据。

3）电子产品检验可使生产工艺过程处于受控状态，以确保企业生产出合格的产品；可以扩大市场份额，并降低质量成本。

（4）电子产品检验的作用

在生产型企业中，严格执行质量检验制度，加强质量检验和质量监督工作是保证产品质量不容忽视、不可缺少的重要环节。产品检验的作用主要表现在以下几个方面。

1）把关作用。把关是质量检验最基本的作用，也可称为质量保证职能。这种作用存在于质量管理发展的各个阶段。企业的生产过程是一个复杂的过程，人、机、料、法、环等要素都可能对生产过程的变化产生影响，各个工序不可能都处于绝对的稳定状态，质量特性的波动是客观存在的，要求每道工序都保证百分百地生产合格产品是不太可能的。因此，通过质量检验把关，挑出不合格品以保证产品质量，是完全必要的。

2）预防作用。质量检验不仅起着把关作用，而且起着预防作用，这是现代质量检验与传统质量检验的区别。生产企业原材料和外购件的入厂检验、前工序的把关检验，对后面的生产过程和下一道工序的生产都起到了预防的作用。

3）报告作用。报告作用就是信息反馈作用。在生产过程中各级管理者要及时掌握生产过程中的质量状态，评价和分析质量体系的有效性，做出正确的质量判断和决策，这就要求质量检验部门必须把检验结果（特别是计算所得的指标）用报告的形式反馈给领导及有关管理部门，以便做出正确的评价和决策。

4）改进作用。质量改进作用是质量检验部门参与提高产品质量活动的具体体现。质量检验人员一般都由具有一定生产经验、业务熟练的工程技术人员和技术工人担任。他们经常工作在生产第一线，比设计、工艺人员更了解影响生产的各种因素，质量信息也最灵通，能提出更切实可行的建议和措施，这正是质量检验人员的优势。在管理中实行设计、工艺、检验和操作人员相结合的方式进行质量改进，对加快质量改进步伐，取得良好的质量管理效果是十分必要的。

（5）质量检验的步骤

1）检验的准备。

2）获取检测的样品。

3）测量和试验。

4）记录。

5）比较和判定。

6）确认和处置。

2. 电子整机产品检验的方法

在电子产品生产过程中，电子整机产品检验的方法主要有以下几种。

（1）全检

全检就是对生产出来的全部产品进行检验。在生产企业中不是所有的产品都需要检验，只有在以下情况时才对产品进行全检。

1）批量太小，失去抽检意义时。

2）检验手续简单，不至于浪费大量人力、经费时。

3）不允许不良品存在，不良品对电子产品有致命影响时。

4）工程能力不足时。

5）其不良率超过规定，无法保证品质时。

6）为了解该批制品实际品质状况时。

（2）抽检

抽检是指按照一定的抽样标准及抽样方法，从检验批次中抽取一定数量的产品进行检验的方法。抽检的适用范围有以下几种。

1）产量大、批量大，且是连续生产无法做全检时。

2）进行破坏性测试时。

3）允许存在某种程度的不良品时。

4）需要减少检验时间和经费时。

5）刺激生产者要注意品质时。

6）满足消费者要求时。

（3）免检

免检是指对在规定条件下生产出来的全部单位产品免予检验。需要注意的是，免检并非放弃检验，应加强生产过程质量的监督，出现异常，能够立刻采取有效措施。免检的适用范围有以下几种。

1）生产过程相对稳定，对后续生产无影响。

2）国家批准的免检产品及产品质量认证产品的无试验买入时。

3）长期检验证明质量优良、使用信誉高的产品的交收中，双方认可生产方的检验结果，不再进行进料检验。

（4）让步放行

1）针对成品的让步放行：在客户同意的前提下，可以将不影响客户使用要求的产品让步出货，但必须做好标识，确保可追溯性。

2）针对原材料、半成品的让步放行：在不影响产品的性能要求及产品检验标准要求时，经品管、技术、生产联合确认的原材料及半成品可以让步使用，同时要做好相关标识。

3）让步放行的适用范围：①客户可以接受或已经得到客户确认时；②当原材料、半成品来不及检验且对应的原材料、半成品使用后不会对产品产生致命影响时，可以紧急放行。

（5）自检

生产工人在产品制造过程中，按照质量标准和有关技术文件的要求，对自己生产的产品或完成的工作任务，按照规定的时间和数量进行自我检验，把不合格品主动"挑"出来，防止流入下道工序。自检的作用有以下三点。

1）有利于对生产过程中的每一个零件，每一道工序进行严格监督、层层把关，防止废次品流入下道工序。

2）提高检验工作效率，减少检验人员的工作量，节约检验费用。

3）生产工人可以及时了解自己工作的质量状况并及时改进，使工艺过程始终保持稳定状态，从而提高产品质量。

（6）互检

互检就是指生产工人之间对生产的产品或完成的工作任务进行相互的质量检验。互检的方法有以下几种。

1）同一班组相同工序的工人相互之间进行质量检验。

2）班组质量管理员对本班组工人生产的产品质量进行抽检。

3）下道工序的工人对上道工序转来的产品进行检验。

4）交接班工人之间对所交接的有关事项（包括质量）进行检验。

5）班组之间对各自承担的作业进行检验。

【活动2】电子产品整机检验的项目

1. 电子产品整机的检验项目

电子产品整机的检验项目主要有安全性检验、性能检验、可靠性检验、适应性检验、经济性检验、时间性检验。

2. 电子产品整机的检验时间节点

1）生产过程中的时间节点检验。

2）入库前的时间节点检验。

3）整机包装出厂的时间节点检验。

【活动3】电子产品的可靠性检验

在电子产品的生产过程中，为保证产品的质量，必须重视检验工作。整机检验是检查产品经过总装、调试之后是否达到技术指标和预定功能要求的过程。整机检验的主要内容包括外观检验和性能检验等。

1. 机壳外观故障的检验与修复

（1）机壳外观的检验

1）要求产品外观整洁，无污染、损伤，标志清晰，面板、机壳表面的涂敷层及装饰件、铭牌齐全，机械装配须符合技术要求。

2）产品的各种连接装置要完好且符合要求，转动机构须灵活。

3）产品的各种结构件要与图样相符，无变形、锈斑、开焊、断裂等现象。

（2）机壳外观故障的修复

1）轻微划痕，一般用棉布沾取少量砂蜡，来回擦拭即可消除。

2）中度划痕，可用抛光机进行抛光，经抛光之后，即可重新使用。

3）深度划痕是无法用研磨的方法修复的，需要更换新的塑料外壳。

4）有漆膜和镀层的机壳，可以采取补漆、空气喷涂的方法进行修复。

（3）几种常用修补划痕的方法

1）用牙膏弥补外壳的轻度划痕，特别是白色漆，效果最为明显。方法很简单：把牙膏轻轻涂在轻度划痕处，用柔软的棉布逆时针抹圆圈。这样做一般可减轻划痕印记，还能避免空气对一些电子产品金属外壳划痕处的侵蚀。

2）用同一色系的补漆笔在划痕处点补几滴油漆，再用一张餐巾纸（稍微粗糙点的餐巾纸）在对应的位置处用打蜡的办法做圆周运动，补上去的油漆慢慢被擦掉，划痕也会随之不见。（操作注意：补完油漆后动作要快，防止油漆变干影响修补效果。）

3）一些小型的电子产品上的划痕还可以采用一些先进的技术手段，快速修复划痕。例如，手机上的划痕可用肉眼看不见的保护膜，填补在手机表面的划痕上，经护理打磨后，可使手机表面平整光滑，光亮如新。

2. 性能检验

经外观检验后，还要对产品的性能进行检验。整机性能检验用以确定产品是否能达到国家和行业的技术标准。

性能检验包括一般条件下的整机性能参数的检验和极限条件下的各项指标检验。

（1）整机性能参数的检验

通过符合规定精度要求的设备和仪器测试产品的各项技术指标是否符合设计要求，判断产品是否达到行业或国家规定的标准。

（2）极限条件下的各项指标检验

一般针对小部分产品进行，主要包括对环境试验和对整机进行的老化测试，常称为例行试验。例行试验常采用抽样检验，一般是指对主要指标进行测试，如通用性能、使用性能和安全性能的测试。如果发现产品中有潜伏和带共性的故障，则应及时做出更改，以确保电子产品的可靠性和耐用性。所以，对批量生产的新产品或重大改进的老产品都必须进行例行试验。

1）环境试验。环境试验是依据电子产品的工作环境确定具体的实验内容，并按照国家规定的方法进行的试验。环境试验的内容包括温度试验、震动和冲击试验，以及运输试验等。

① 温度试验。检查温度对电子产品的影响，确定产品在低温和高温条件下工作和储存的适应性，包括低温和高温符合试验，以及低温和高温储存试验。温度符合试验是在不包装、不通电和正常工作状态下，把电子产品放入温度试验箱内，进行额定使用上、下限工作温度的试验。

② 振动和冲击试验。振动试验是用来检查产品在经受震动时的稳定性，而冲击试验是用来检查产品在经非重复性机械冲击时的适应性。

③ 运输试验。检查电子产品对包装、运输、储存等环境条件的适应能力。试验过程就是将电子产品捆在载重汽车上奔走几十千米进行试验。但是这个试验通常是在模拟运输震动的试验台上进行的。

2）老化测试。老化测试即让电子产品长时间通电连续工作后，检测其性能是否依然符合要求。同时，记录平均故障工作的时间，并分析总结故障的特点，及时发现生产过程中存在的潜伏性缺陷，以便找出它们的共性问题并及时解决。

需要注意的是，电子产品老化测试分为元器件老化测试和整机老化测试。电子新产品，要考核新的元器件或整机的性能，老化指标更高。老化使产品的缺陷在出厂前暴露，如焊接点的可靠性，产品在设计、材料和工艺方面的各种缺陷；老化测试使产品性能进入稳定区间后出厂，减少返修率。

【活动4】电子产品的包装

电子产品的包装是产品生产过程中的重要组成部分，也是电子产品入库前的最后一道工序。合理的包装是保证产品在流通过程中避免机械物理损伤，确保其质量而采取的必要措施。同时，包装也起着介绍产品、宣传企业的作用。

在包装前，合格的产品应按有关规定进行表面处理，如清除指纹、汗渍、油脂及污垢等。且在包装过程中，要确保产品的旋钮、机壳、荧光屏和装饰件等部分不被污染或损伤。装箱时还应清除包装箱内的异物和灰尘，装入箱内的电子产品不得倒置，部件、衬垫、装箱单和使用说明书等内装物必须齐全，且不得在箱内任意移动。同时，合适的包装还需具有抵抗一定程度的撞击和堆压的能力。

1. 电子产品整机的包装要求

（1）电子产品整机的防护要求

1）电子产品整机经过合适的包装应能承受合理的堆压和撞击力量。

2）对电子产品整机要合理压缩包装体积。

3）电子产品整机的包装要有防尘功能。

4）电子产品整机的包装要有防湿功能。

5）电子产品整机的包装要具备缓冲功能。

（2）电子产品整机的装箱要求

1）电子产品整机在装箱时，应先清除包装箱内的异物和尘土。

2）装入包装箱内的电子产品整机不得倒置。

3）装入箱内的电子产品整机，其附件和衬垫以及使用说明书、装箱明细表、装箱单等内装物必须齐全。

4）装入箱内的电子产品整机、附件和衬垫不得在箱内任意移动。

2. 电子产品的包装种类

电子产品的包装一般可分为运输包装、销售包装和中包装三种类型。

（1）运输包装

运输包装即产品的外包装，它的主要作用是保护产品在运输、储存和装卸等过程中不受各种机械物理因素和气候因素带来的损伤，给操作者提供方便，确保其质量和数量而采取的必要措施。运输包装实物图如图 8-7 所示。

图 8-7　运输包装实物图

（2）销售包装

销售包装即产品的内包装，它起着保护产品、便于消费者携带和使用的作用，同时还起到了美化产品、介绍产品和广告宣传的作用，如图 8-8 所示。

图 8-8　销售包装实物图

（3）中包装

中包装是运输包装的组成部分之一，它起到计量、分隔和保护产品的作用。但有时它会随产品一起上货架，这种中包装也属于销售包装的一种，如图 8-9 所示。

图 8-9　中包装实物图

电子产品的外、内、中包装是相互影响、不可分割的整体。

3. 电子产品的包装材料

包装时，应根据包装要求和电子产品的特点，选择合适的包装材料。

（1）木箱

包装木箱一般用于比较笨重、体积较大的机械或机电产品。木箱材料主要有木材、胶合板、纤维板和刨花板等。包装木箱的体积大，且受绿色生态环境保护的限制，因此已减少使用。

（2）纸箱

包装纸箱一般用于质量较轻、体积较小的家用电器等产品。纸箱有单芯、双芯瓦楞纸板和硬纸板等材料。使用瓦楞纸箱包装的好处是轻便牢固、弹性好，与木箱包装相比，其运输、包装费用低，材料利用率高，便于实现自动化包装。

（3）缓冲材料

通常要以最经济并能对电子产品提供起码的保护能力为原则来选择缓冲材料。常用的缓冲材料如图 8-10 所示。

（a）泡沫塑料　　　　　　　（b）气垫薄膜　　　　　　　（c）缓冲泡沫板

图 8-10　常用缓冲材料

（4）防尘、防潮材料

防尘、防潮材料可以选用物化性能稳定、机械强度大和透湿率小的材料，如有机塑料薄膜、有机塑料袋等密封式或外密封式包装。

4. 电子产品整机包装的防伪要求

1）许多产品的包装，一旦打开，就再也不能恢复原来的形状，起到了防伪的作用。

2）激光防伪标识。

3）条形码防伪标志。

5. 液晶电视机整机包装实例

1）将电视机说明书、合格证、维修点地址簿、三联保修卡、用户意见书装入胶袋中，用胶纸封口。

2）将条形码标签贴在随机卡、后壳和保修卡（两张）上；用透明胶纸把保修卡贴在电视机的后上方；将电源线折弯理好装入胶袋，用透明胶纸封口，摆放在工装板上。

3）将下包装纸箱展开成形，并用胶纸封贴四个接口边，然后将其放在送箱的拉体上。

4）取上包装纸箱，在指定位置贴上条形码标签，用印台打印上生产日期（在整机颜色栏内用印章打印）。

5）将上包装纸箱展开成形，用打钉机在包装纸箱的上部两边各打一颗封箱钉，将其放在送箱的拉体上。

6）将下缓冲垫放入下纸箱内，将胶袋放在纸箱上，开自动吊机将胶袋打开，扶整机入箱后，封好胶袋。

7）将上缓冲垫按左右方向放在电视机上；将配套遥控器放入缓冲垫上的指定位置，并用胶纸贴牢；将附件袋放入电视机旁边，并盖好纸板。

8）将上纸箱套入包装整机的下纸箱上；将包装箱上的四个提手分别装入纸箱两边的指定位置；将箱体送入自动封胶机封胶带。

任务评价

本任务评价由三个部分组成，即学生自评、小组评价和教师评价，并按照学生自评占 30%、小组评价占 30%、教师评价占 40% 计入总分，最后将各评价结果及最终得分填入表 8-8 所示的任务评价表中。

表 8-8　电子产品整机检验的内容任务评价表

活动	考核要求	配分	学生自评	小组评价	教师评价	得分
电子产品检验的目的和方法	会设计电子产品的调试方案	10 分				
电子产品整机检验的项目	掌握电子产品调试工艺的技术	25 分				
电子产品的可靠性检验	会对电子产品的整机进行检验	40 分				
电子产品的包装	了解电子产品的包装分类	15 分				
安全文明操作	学习中是否有违规操作	10 分				
总分		100 分				

知识拓展

包装的标志

设计包装标志应注意以下几点。

1）包装上的标志应与包装箱大小协调一致。

2）文字标志的书写方式由左到右、由上到下，数字采用阿拉伯数字，汉字用规范字。

3）标志颜色一般以黑、蓝、红三种颜色为主。

4）标志方法可以打印、粘贴和印刷等。

5）标志内容主要包括产品名称及型号、商品名称及注册商标图案、产品的主体颜色、包装件质量、包装件最大外部尺寸、内装产品的数量、出厂日期、生产厂名称和储运标志等。

■ 自我测试与提高

1. 填空题

（1）电子产品检验的作用主要为_____、_____、_____、_____。

（2）电子整机产品检验的方法主要有_____、_____、_____、_____、_____、_____。

（3）电子产品的包装种类有_____、_____和_____。

（4）电子产品的包装材料主要有_____、_____、_____、_____。

2. 简答题

（1）简述整机检验工作的主要内容。

（2）产品检验有哪些类型？各有什么特点？

（3）简述环境试验的主要内容和一般程序。

（4）简述产品包装的作用和意义。

参 考 文 献

曹白杨，2012. 现代电子产品工艺[M]. 北京：电子工业出版社.

陈世和，2011. 电工电子实训教程[M]. 北京：北京航空航天大学出版社.

费小平，2010. 电子整机装配工艺[M]. 北京：电子工业出版社.

钱晓龙，2009. 电工电子实训教程[M]. 北京：机械工业出版社.

钱晓龙，2014. 电工电子应用基础与实训案例[M]. 北京：机械工业出版社.

万少华，2008. 电子产品结构与工艺[M]. 北京：北京邮电大学出版社.

王英，蔡耀明，2007. 电子装接工[M]. 重庆：重庆大学出版社.

张肃文，2005. 高频电子线路[M]. 北京：高等教育出版社.

张修达，2010. 电子产品结构与工艺[M]. 北京：科学出版社.